少儿环保科普小丛书

地球上的灭绝物种

本书编写组◎编

中国出版集团公司

世界图书出版公司

广州·上海·西安·北京

图书在版编目（CIP）数据

地球上的灭绝物种/《地球上的灭绝物种》编写组
编．——广州：世界图书出版广东有限公司，2017.3
ISBN 978 - 7 - 5192 - 2472 - 1

Ⅰ．①地… Ⅱ．①地… Ⅲ．①濒危种 - 青少年读物
Ⅳ．①Q111．7 - 49

中国版本图书馆 CIP 数据核字（2017）第 049853 号

书　　名：地球上的灭绝物种
　　　　　Diqiu Shang De Miejue Wuzhong

编　　者：本书编写组
责任编辑：冯彦庄
装帧设计：觉　晓
责任技编：刘上锦
出版发行：世界图书出版广东有限公司
地　　址：广州市海珠区新港西路大江冲 25 号
邮　　编：510300
电　　话：(020) 84460408
网　　址：http：//www. gdst. com. cn/
邮　　箱：wpc_ gdst@ 163. com
经　　销：新华书店
印　　刷：虎彩印艺股份有限公司
开　　本：787mm×1092mm　1/16
印　　张：11.75
字　　数：190 千
版　　次：2017 年 3 月第 1 版　2019 年 2 月第 2 次印刷
国际书号：ISBN 978 - 7 - 5192 - 2472 - 1
定　　价：29.80 元

前　　言

　　地球是人类与其他生物共同生存的"诺亚方舟"，但是，由于人类增长与无节制活动，这只"诺亚方舟"正面临着倾覆的危险。突出的例子是地球上的野生动物的生存危机。物种的进化与灭绝是一对生与死的平衡。导致物种灭绝的原因很多，有自然因素，也有人为因素。随着世界人口的剧增，人类活动开始严重影响地球环境及其生物多样性：森林砍伐及其片断化、过牧与开垦、环境污染、偷猎走私、过度捕捞、水利工程建设及外来物种引入的影响，成为导致生物多样性丧失的主要原因。许多生物的生存受到了前所未有的挑战，导致了许多生物灭绝。

　　其实，人类活动早就开始影响地球的物种生存与分布。1837 年 7 月 8 日，达尔文乘"贝格尔"号到达圣赫勒拿岛时就注意到，岛上 90% 以上的植物都是从英国本土运来的。圣赫勒拿岛上鸟和昆虫种类和数量很少。然而，英国人只运来了一些鹧鸪和野鸡，外来物种排斥本地物种。达尔文愤怒地指出，当地关于保护野鸟的法令没有考虑到当地穷人的利益。当地穷人常常从悬崖峭壁上采集一种草，把这种草燃烧后从草灰中提取苏打。可是这种副业却遭到禁止，其借口是：如果那样做的话，鹧鸪就要没有地方筑巢了。

　　据 IUCN（世界自然保护联盟）红色名录估计，当代的物种灭绝速度大约比地球典型历史物种灭绝速度背景值高 100 ~ 1000 倍。

　　动物的灭绝速率正在呈上升趋势，以哺乳动物为例，过去的 400 年中，全世界共灭绝了 58 种哺乳动物，平约每年灭绝 0.15 种哺乳动物。大约平均每 7 年灭绝 1 个种，这个灭绝速度较化石记录高 7～70 倍。20 世纪内地球上已经灭绝了 23 种哺乳动物，平均每年灭绝 0.27 种，每 4 年中就有 1 种哺乳动物从地球上消失了，当前的哺乳动物灭绝速度较正常化石记录高 13～135 倍。

以目前物种灭绝的趋势继续下去，世界上的哺乳动物将会在 1 万～2 万年的时间内全部消失。

自 1600 年以来，所有的生物类群中都出现了物种灭绝，以哺乳动物和鸟类的灭绝比例为最高。

从 1500 年以来，世界上发生了 844 次有记载的物种灭绝。至此，2008 个物种已经灭绝。

岛屿物种在历史上经历了较多的灭绝，发生在大陆的物种灭绝越来越频繁，在过去的 20 年中，发生在大陆的物种灭绝已经占所有灭绝物种的 50%。

书中所列的还不是所有已经灭绝的物种。本书旨在唤起人们的保护意识，让自然更美好、和谐。

目 录
Contents

第一章　进化史上的五次物种大灭绝

第一次物种大灭绝——奥陶纪大灭绝 ·················· 1

第二次物种大灭绝——泥盆纪海洋生物灭顶之灾 ············ 3

第三次生物大灭绝——二叠纪大灭绝 ·················· 5

第四次生物大灭绝——三叠纪裸子植物大灭绝 ············ 8

第五次生物大灭绝——恐龙大灭绝 ·················· 9

第二章　灭绝的哺乳动物

阿特拉斯棕熊 ············ 12

澳米氏弹鼠 ············ 14

澳洲小兔猼 ············ 15

白足澳洲林鼠 ············ 16

斑驴 ·················· 17

东袋狸 ············ 19

西袋狸 ············ 21

北部白犀牛 ············ 22

中国犀牛 ············ 23

昆士兰毛鼻袋熊 ············ 26

南极狼 ············ 28

塔斯马尼亚虎 ············ 29

新疆虎 ············ 31

白臀叶猴 ············ 33

猫狐 ············ 35

纹兔袋鼠 ············ 36

西亚虎 ············ 37

台湾云豹 ············ 39

巴基斯坦沙猫 ············ 41

新墨西哥狼 ············ 42

欧亚水貂 ············ 44

中国豚鹿 ············ 45

牙买加仓鼠 ············ 48

新南威尔士白袋鼠 ············ 49

北美白狼 ············ 50

佛罗里达黑狼 ············ 53

基奈山狼 ············ 54

日本狼 ············ 55

剑齿虎 ············ 57

巴厘虎 ············ 61

第三章　灭绝的鸟类

恐鸟 ……………………… 62

渡渡鸟 …………………… 68

旅行鸽 …………………… 70

瓜达鲁贝美洲大鹰 ……… 72

卡罗拉依那鹦哥 ………… 74

岛鹃 ……………………… 75

琉球银斑黑鸽 …………… 76

留尼汪椋鸟 ……………… 77

粉头鸭 …………………… 78

白臀蜜鸟 ………………… 79

乐园鹦鹉 ………………… 79

小笠原杂色林鸽 ………… 80

新不列颠紫水鸡 ………… 81

所罗门冕鸽 ……………… 82

兼嘴垂耳鸦 ……………… 83

卡卡啄羊鹦鹉 …………… 85

斑翅秧鸡 ………………… 86

呆秧鸡 …………………… 87

拉布拉多鸭 ……………… 87

白令鸬鹚 ………………… 89

查塔姆蕨莺 ……………… 89

新西兰鹌鹑 ……………… 90

黄嘴秋沙鸭 ……………… 91

夏威夷暗鸫 ……………… 93

大海雀 …………………… 93

笠原腊嘴雀 ……………… 95

孔子鸟 …………………… 96

马岛鹦鹉 ………………… 98

库赛埃岛辉椋鸟 ………… 100

第四章　灭绝的两栖爬行类

马里恩象龟 ……………… 101

恐鳄 ……………………… 102

脊质鳄 …………………… 104

鱼石螈 …………………… 104

紫蛙 ……………………… 106

始螈 ……………………… 107

笠头螈 …………………… 107

马达加斯加彩蛙 ………… 108

水龙兽 …………………… 109

古杯蛇 …………………… 110

楯齿龙目 ………………… 111

派克鳄 …………………… 112

扭斯汀科龙 ……………… 112

南漳龙 …………………… 113

迷齿龙 …………………… 114

洞螈 ……………………… 115

智利达尔文蛙 …………… 115

玄武蛙 …………………… 116

帝鳄 ……………………… 116

中国短头鲵 ……………… 118

中龙 ……………………… 119

蛇螈 ……………………… 120

有角鳄 …………………… 120

陆鳄 ……………………… 121

始虚骨龙 ………………… 121

蛇颈龟 …………………… 122

蚓螈 ……………………… 122

似贝氏成渝龟 …………… 123

二齿兽 ………………………… 123

沧龙 ………………………… 124

第五章　灭绝的水生动物

白鳍豚 ………………………… 126

波利尼西亚蜗牛 ………… 128

腔棘鱼 ………………………… 129

鱼龙 ………………………… 131

三叶虫 ………………………… 132

利兹鱼 ………………………… 134

龙王鲸 ………………………… 134

滑齿龙 ………………………… 136

邓氏鱼 ………………………… 137

矛尾鱼 ………………………… 138

海蟒 ………………………… 139

鸭嘴龙 ………………………… 140

恐鱼 ………………………… 141

裂口鲨 ………………………… 142

太陆鲨 ………………………… 143

粒骨鱼 ………………………… 143

鳐鱼 ………………………… 144

异索兽 ………………………… 145

械齿鲸 ………………………… 145

海王龙 ………………………… 146

薄片龙 ………………………… 147

蛇颈龙 ………………………… 148

哈那鲨 ………………………… 149

噬人鲨 ………………………… 150

走鲸 ………………………… 151

多鳃鱼 ………………………… 152

栅鱼 ………………………… 152

拉多廷鱼 ………………… 153

盾头鱼 ………………………… 153

沟鳞鱼 ………………………… 153

海鲢 ………………………… 154

第六章　灭绝的植物

辽宁古果 ………………… 156

中华古果 ………………… 157

鳞木 ………………………… 158

芦木 ………………………… 158

封印木 ………………………… 159

裸蕨 ………………………… 160

羊耳蒜 ………………………… 160

明党参 ………………………… 161

绥草 ………………………… 162

野生荔枝 ………………… 163

水杉 ………………………… 164

雷尼蕨 ………………………… 165

种子蕨 ………………………… 165

科达树 ………………………… 166

松叶蕨 ………………………… 167

木贼 ………………………… 168

问荆 ………………………… 169

鳞毛蕨 ………………………… 170

瑞尼蕨 ………………………… 171

工蕨 ………………………… 171

原石松 ………………………… 172

楔叶 ………………………… 173

3

附录　灭绝物种大纪事

世界近代灭绝的鸟类 ………… 174

世界近代灭绝的兽类 ………… 177

第一章　进化史上的五次物种大灭绝

第一次物种大灭绝——奥陶纪大灭绝

时间：4.49 亿年前。

原因：全球气候变冷。

后果：约有 100 个科物种灭绝。

奥陶纪

奥陶纪，地质年代名称，是古生代的第二个纪，开始于距今 5 亿年，延续了 6500 万年。

奥陶纪海洋生物的形态

奥陶纪亦分早、中、晚三个世。奥陶纪是地史上海侵最广泛的时期之一。在板块内部的地台区，海水广布，表现为滨海浅海相碳酸盐岩的普遍发育，在板块边缘的活动地槽区，为较深水环境，形成厚度很大的浅海、深海碎屑沉积和火山喷发沉积。

奥陶纪末期曾发生过一次规模较大的冰期，其分布范围包括非洲，特别是北非，南美的阿根廷、玻利维亚以及欧洲的西班牙和法国南部等地。

"奥陶"一词来源

"奥陶"一词由英国地质学家拉普沃思于 1879 年提出，代表露出于英国阿雷尼格山脉向东穿过北威尔士的岩层，位于寒武系与志留系岩层之间。因这个地区是古奥陶部族的居住地，故名。

奥陶纪生物演化

当时气候温和，浅海广布，世界许多地方（包括我国大部分地方）都被浅海海水掩盖。海生生物空前发展。

在奥陶纪广阔的海洋中，海生无脊椎动物空前繁荣，生活着大量的各门类无脊椎动物。除寒武纪开始繁盛的类群以外，其他一些类群还得到进一步的发展，其中包括笔石、珊瑚、腕足、海百合、苔藓虫和软体动物等。

笔石是奥陶纪最奇特的海洋动物类群，它们自早奥陶世开始即已兴盛繁育，分布广泛。腕足动物在这一时期演化迅速，大部分的类群均已出现，无铰类、几丁质壳的腕足类逐渐衰退，钙质壳的有铰类则盛极一时；鹦鹉螺进入繁盛时期，它们身体巨大，是当时海洋中凶猛的肉食性动物；由于大量食肉类鹦鹉螺类的出现，为了防御，三叶虫在胸、尾长出许多针刺，以避免食肉动物的袭击或吞食。珊瑚自中奥陶世开始大量出现，复体的珊瑚虽说还较原始，但已能够形成小型的礁体。

在奥陶纪晚期，约 4.8 亿年前，首次出现了可靠的陆生脊椎动物——淡水无颚鱼；淡水植物据推测可能在奥陶纪也已经出现。

第一次物种大灭绝发生在 4 亿 4 万年前的奥陶纪末期，由于当时地球气候变冷和海平面下降，生活在水体的各种不同无脊椎动物便荡然无存。

在距今4.4亿年前的奥陶纪末期，是地球史上第三大的物种灭绝事件，约85%的物种灭亡。古生物学家认为这次物种灭绝是由全球气候变冷造成的。在大约4.4亿年前，现在的撒哈拉所在的陆地曾经位于南极，当陆地汇集在极点附近时，容易造成厚厚的积冰——奥陶纪正是这种情形。大片的冰川使洋流和大气环流变冷，整个地球的温度下降了，冰川锁住了水，海平面也降低了，原先丰富的沿海生物圈被破坏了，导致了85%的物种灭绝。

第二次物种大灭绝——泥盆纪海洋生物灭顶之灾

时间：距今3.65亿年前的泥盆纪后期。

事件：海洋生物遭受了灭顶之灾。

又称：第二物种大灭绝、泥盆纪大灭绝。

泥盆纪

泥盆纪，地质年代名称，古生代地第四个纪，约开始于4.05亿年前，结束于3.5亿年前，持续约5000万年。

泥盆纪分为早、中、晚三个世，地层相应地分为下、中、上三个统。泥盆纪古地理面貌较早古生代有了巨大的改变，表现为陆地面积的扩大，陆相地层的发育，生物界的面貌也发生了巨大的变革。陆生植物、鱼形动物空前发展，两栖动物开始出现，无脊椎动物的成分也显著改变。

鱼类的时代

泥盆纪是脊椎动物飞越发展的时期，鱼类相当繁盛，各种类别的鱼都有出现，故泥盆纪被称为"鱼类的时代"。最重要的是显示出从总鳍类演化而来的原始爬行动物——四足类（四足脊椎动物）的出现。

泥盆纪的海洋生物

气候显示泥盆纪时是温暖的。化石记录说明远至北极地区当时都处于温带气候。第二次物种大灭绝发生在泥盆纪晚期，其原因也是地球气候变冷和海洋退却。

在距今约 3.65 万年前的泥盆纪后期，历经两个高峰，中间间隔 100 万年，是地球史第四大生物灭绝事件。

第三次生物大灭绝——二叠纪大灭绝

时间：距今 2.5 亿年前的二叠纪末期。

事件：导致超过 95% 的地球生物灭绝。

又称：第三次物种大灭绝、二叠纪大灭绝。

后果：物种减少 90% 以上。

二叠纪

二叠纪是古生代的最后一个纪，也是重要的成煤期。二叠纪分为早二叠世、中二叠世和晚二叠世。二叠纪开始于距今约 2.95 亿年，延至 2.5 亿年，共经历了 4500 万年。二叠纪的地壳运动比较活跃，古板块间的相对运动加剧，世界范围内的许多地槽封闭并陆续形成褶皱山系，古板块间逐渐拼接形成联合古大陆（泛大陆）。陆地面积的进一步扩大，海洋范围的缩小，自然地理环境的变化，促进了生物界的重要演化，预示着生物发展史上一个新时期的到来。

距今约 2.5 亿年前的二叠纪末期，发生了有史以来最严重的大灭绝事件，估计地球上有 96% 的物种灭绝，其中 90% 的海洋生物和 70% 的陆地脊椎动物灭绝。三叶虫、海蝎以及重要珊瑚类群全部消失。陆栖的单弓类群动物和许多爬行类群也灭绝了。这次大灭绝使得占领海洋近 3 亿年的主要生物从此衰败并消失，让位于新生物种类，生态系统也获得了一次最彻底的更新，为恐龙类等爬行类动物的进化铺平了道路。科学界普遍认为，这一大灭绝是地球历史从古生代向中生代转折的里程碑。其他各次大灭绝所引起的海洋生物种类的下降幅度都不及其 1/6，也没有使生物演化进程产生如此重大的转折。

科学家认为，在二叠纪曾经发生海平面下降和大陆漂移，这造成了最严重的物种大灭绝。那时，所有的大陆聚集成了一个联合的古陆，富饶的海岸线急剧减少，大陆架也缩小了，生态系统受到了严重的破坏，很多物种的灭绝是因为失去了生存空间。更严重的是，当浅层的大陆架暴露出来后，原先埋藏在海底的有机质被氧化，这个过程消耗了氧气，释放出二氧化碳。大气中氧的含量有可能减少了，这对生活在陆地上的动物非常不利。随着气温升高，海平面上升，又使许多陆地生物遭到灭顶之灾，海洋也成了缺氧地带。地层中大量沉积的富含有机质的页岩是这场灾难的证明。

这次大灭绝是由气候突变、沙漠范围扩大、火山爆发等一系列原因造成。

第三次生物大灭绝——二叠纪大灭绝的化石层

陨石撞击

有些科学家认为，陨石或小行星撞击地球导致了二叠纪末期的生物大灭绝。如果这种撞击达到一定程度，便会在全球产生一股毁灭性的冲击波，引起气候的改变和生物的死亡。最近搜集到的一些证据引起了人们对这种观点的重视。但大多数生物科学家认为这场灭绝是由地球上的自然变化引起的。

气候的改变

有些科学家认为，气候的变化是形成这场大灾难的主要原因。因为二叠纪末期形成的岩石显示，当时某些地区气候变冷，在地球两极形成了冰盖。这些巨大的白色冰盖将阳光发射回太空，会进一步降低全球气温，使陆上和海上的生物很难适应。如果再加上海平面下降和火山爆发，这就会成为灭顶之灾。

大气成分的改变

有些生物学家认为，生活方式比较活跃积极的动物，如似哺乳类的单弓类动物需要比别的动物更多的氧气，他们可能是因为大气成分的改变而灭绝的。因为二叠纪末期气温的降低会导致海平面的下降。海床的辽阔煤层区就会暴露在外面，释放出大量二氧化碳到大气中，大气中的氧气含量就会相对减少。

火山活动

火山爆发会喷出大量气体和火山尘埃进入大气层。火山灰山团不仅会使动物窒息而死，也有可能遮蔽太阳，使全球气温降低。所以，火山活动也可能是二叠纪末期灭绝事件的原因之一。西伯利亚就曾经发现当时火山猛烈爆发所喷出的物质。

沙漠的肆虐

二叠纪的陆块碰撞接壤而形成了庞大的盘古大陆。来自海上的雨水和雾气再也无法深入内陆地区，于是二叠纪的某些区域就越来越干燥火热，致使沙漠范围越来越广，无法适应干旱环境的动物就灭绝了。

第四次生物大灭绝——三叠纪裸子植物大灭绝

时间：距今2亿年前的三叠纪晚期。

事件：发生了第四次生物大灭绝，爬行类动物遭遇重创。三叠纪是古生代生物群消亡后现代生物群开始形成的过渡时期。三叠纪早期植物面貌多为一些耐旱的类型，随着气候由半干热、干热向温湿转变，植物趋向繁茂，低丘缓坡则分布有和现代相似的常绿树，如松、苏铁等，而盛产于古生代的主要植物群几乎全部灭绝。

又名：三叠纪大灭绝、第四次物种大灭绝。

第四次生物大灭绝——三叠纪裸子植物大灭绝的化石层

三叠纪

三叠纪是爬行动物和裸子植物的崛起，也是中生代的第一个纪。它位于二叠纪和侏罗纪之间。

始于距今 2.03 亿年 ~ 2.5 亿年，延续了约 5000 万年。海西运动以后，许多地槽转化为山系，陆地面积扩大，地台区产生了一些内陆盆地。这种新的古地理条件导致沉积相及生物界的变化。从三叠纪起，陆相沉积在世界各地，尤其在中国及亚洲其他地区都有大量分布。古气候方面，三叠纪初期继承了二叠纪末期干旱的特点；到中、晚期之后，气候向湿热过渡，由此出现了红色岩层含煤沉积、旱生性植物向湿热性植物发展的现象。植物地理区也同时发生了分异。

距今 1.95 亿年前的三叠纪末期，估计有 76% 的物种，其中主要是海洋生物在这次灭绝中消失。这一次灾难并没有特别明显的标志，只发现海平面下降之后又上升了，出现了大面积缺氧的海水。

第五次生物大灭绝——恐龙大灭绝

时间： 6500 万年前后，白垩纪晚期。

事件： 突然，侏罗纪以来长期统治地球的恐龙灭绝了。

又称： 第五次物种大灭绝、白垩纪大灭绝、恐龙大灭绝。

白垩纪

白垩纪是中生代的最后一个纪，始于距今 1.37 亿年，结束于距今 6500 万年，其间经历了 7000 万年。无论是无机界还是有机界，在白垩纪都经历了重要变革。白垩纪位于侏罗纪之上、新生界之下。白垩纪是中生代地球表面受淹没程度最大的时期，在此期间北半球广泛沉积了白垩层，1822 年比利时学者 J．B．J·奥马利达鲁瓦将其命名为白垩纪。白垩层是一种极细而纯的粉状灰岩，是生物成因的海洋沉积，主要由一种叫做颗石藻的钙质超微化石和浮游有孔虫化石构成。

第五次生物大灭绝——恐龙大灭绝

距今 6500 万年前白垩纪末期，是地球史上第二大生物大灭绝事件，约 75%～80% 的物种灭绝。在五次大灭绝中，这一次大灭绝事件最为著名，因长达 1.4 亿年之久的恐龙时代在此终结而闻名，海洋中的菊石类也一同消失。其最大贡献在于消灭了地球上处于霸主地位的恐龙及其同类，并为哺乳动物及人类的最后登场提供了契机。这一次灾难来自于地外空间和火山喷发，在白垩纪末期发生的一次或多次陨星雨造成了全球生态系统的崩溃。撞击使大量的气体和灰尘进入大气层，以至于阳光不能穿透，全球温度急剧下降，这种黑云遮蔽地球长达数年之久，植物不能从阳光中获得能量，海洋中的藻类和成片的森林逐渐死亡，食物链的基础环节被破坏了，大批的动物因饥饿而死，其中就有恐龙。

支持小行星撞击说的科学家们推断，这次撞击相当于人类历史上发生过最强烈地震的 100 万倍，爆炸的能量相当于地球上核武器总量爆炸的 1 万倍，导致了 2.1 万立方千米的物质进入了大气中。由于大气中高密度的尘埃，太阳光不能照射到地球上，导致地球表面温度迅速降低。没有了阳光，植物逐渐枯萎死亡；没有了植物，植食性的恐龙也饥饿而死；没有了植食性的动物，肉食性的恐龙也失去了食物来源，它们在绝望和相互残杀中慢慢地消亡。几乎所有的大型陆生动物都没能幸免于难，在寒冷和饥饿中绝望地死去。小型的陆生动物，像一些哺乳动物依靠残余的食物勉强为生，终于熬过了最艰难的时日，等到了古近纪陆生脊椎动物的再次大繁荣。

　　撞击假说的支持者发现了许多有力的证据，来证明他们的观点。最有力的证据来自在 K－T（白垩纪和古近纪）地质界线上发现的铱异常和冲击石英。科学家推测，这种高含量的铱元素就是那颗撞击地球的小行星带来的，冲击石英就是在撞击过程中形成的。

　　美国人查特吉大约 10 年前提出了一种类似的假说。他认为，在白垩纪末期撞击地球的凶手不是一颗小行星或者陨石，而是彗星雨。大量的彗星雨撞击到地球上，形成一个环绕地球一周的撞击带，其中有两块巨大的彗星体成为了恐龙大灭绝的"主犯"：一块形成了我们熟知的墨西哥湾附近的巨大的陨石坑，另外一块撞击到现在的印度大陆上，形成的陨石坑比墨西哥湾附近的陨石坑还大。

第二章　灭绝的哺乳动物

阿特拉斯棕熊

物种分类：脊索动物门→脊椎动物亚门→哺乳纲→食肉目。

分布范围：分布于横跨摩洛哥及阿尔及利亚北部的阿特拉斯山脉。

动物简介：棕熊因产地、大小、毛色等差异，分为不同的亚种，有不同的名称。阿特拉斯棕熊就是因分布于横跨摩洛哥及阿尔及利亚北部的阿特拉斯山脉而命名，它是唯一生活在非洲的熊类。

阿特拉斯棕熊

棕熊是世界上最大的熊（其中最大的阿拉斯加棕熊可达800千克）。阿特拉斯棕熊却很小，只有100多千克重，比棕熊中最小的叙利亚棕熊（不足90千克）稍大些。阿特拉斯棕熊可以说胃口极好，荤的素的它都爱吃；植物、昆虫、鱼类甚至鹿、羊、牛都是它的美味佳肴，有时见了腐肉、鸟和鸟蛋也不肯轻易放过。通常，阿特拉斯棕熊不会主动攻击人，但是带着仔熊的母熊或是受伤的熊会变得异常凶猛。它在每年的 6 月份交配，雌雄在一起只相处 3 个星期即分手。小熊刚出生时未睁眼，无毛，无牙齿。体重不足 450 克。幼熊要在母亲的照料下生活 2 年才能离开。

　　阿特拉斯棕熊因紧靠地中海，所以气候湿润、森林广袤，为棕熊和其他野生动物提供了良好的生存空间。几个世纪以来，它们一直安逸地生活着。可是由于阿特拉斯地区物产丰富，因此这里一直是欧洲列强的必争之地。特别是阿尔及利亚，早在 16 世纪即沦为奥斯曼帝国的一个省。欧洲列强来到以后，不但欺压当地人民，还掠夺各种自然资源。野生动物当然也成了他们掠夺的对象。他们大量捕杀各种野生动物，把皮和肉运回欧洲市场出售。棕熊因肉质鲜美、皮毛用途广泛而遭到了毁灭性的捕杀，不管是成 年 的、未成年的、雄的、雌的，人们见到就杀。到了 19 世纪中期，在阿尔及利亚境内的棕熊已所剩无几，而此时摩洛哥的棕熊则更为悲惨，已

阿特拉斯棕熊是世界上最大的熊

经全部消亡。可在阿尔及利亚仅剩下不多的棕熊并没有能完全的逃脱厄运，最终同摩洛哥棕熊一样全部倒在了人类的枪口之下。

　　1870 年在阿尔及利亚的西迪比而阿贝斯郊外，一只棕熊被杀，之后人类再也没有发现过阿特拉斯棕熊，别看熊又凶又笨，其实它和其他动物一样，有温顺的一面，有时还会"感情用事"。可是现在由于人类的捕杀，野生的熊越来越少了，人类仍在对它们痛下杀手：吃熊胆，取胆汁……

　　阿特拉斯棕熊于 1870 年灭绝。

澳米氏弹鼠

　　米氏弹鼠分布于澳大利亚南部，体长0.091~0.17米，尾长0.13~0.23米，体重在20~50克。米氏弹鼠长着一对大耳朵，前肢小而短，但后腿细长而有力，这是因为它们的行动以跳跃为主。由于米氏弹鼠的体貌和动作特征类似于袋鼠，所以早期的欧洲移民把这种小啮齿动物叫做"袋鼠老鼠"。

澳米氏弹鼠

　　米氏弹鼠的背部呈灰褐色。在澳大利亚全部9个种类的弹鼠中，其他种类的腹部呈白色，唯独米氏弹鼠的腹部呈浅沙黄色。米氏弹鼠的体毛紧密而柔软，尾尖部分的毛相对来说较长，看上去像一把刷子。成年雄性米氏弹鼠的颈部或胸部长有腺体，分泌腺液用来标识自己占领的活动区域。成年雌性米氏弹鼠仅仅在怀孕和哺乳期间才用乳腺标识自己的地盘，这个地盘就理所当然地规定了新生儿的活动范围。米氏弹鼠穴居在沙丘和灌木地带。它们挖的洞一般进深不会超过1.5米，出口处呈大约40°的倾角。白天，为了躲避当地气候的极度炎热和干燥，它们总是在洞中；到了晚上，它们才从洞中爬出来，动作滑稽地四处奔走着寻找食物和补充水分。日常食谱由浆果、叶子、种子和其他可食用的植物构成。

　　澳米氏弹鼠于1901年灭绝。

澳洲小兔猼

物种分类： 脊索动物门→脊椎动物亚门→哺乳纲→有袋目→兔猼属。

分布范围： 分布于澳大利亚的草原上。

动物简介： 兔猼属原本有 4 种动物，而目前只剩下 3 种。另一种小兔猼因人类的捕杀及破坏栖息地，早在 1890 年灭绝，剩下的 3 种目前也只有少量残存，如不是得到了及时保护，也可能早已灭绝。

小兔猼是兔猼属中体型最小的一种，它体长为 0.45～0.7 米，身高不过 0.9 米，体重 15～30 千克。由于它的脸部特征和习性很像兔子，因此而得名"小兔猼"。小兔猼喜欢生活在开阔的草原

澳洲小兔猼

地带，它们十余只结群一起生活，主要以草为食，它们全天都很活跃，尤其是清晨和傍晚，夜晚休息时有一只放哨，发现危险立即发出警报，受到惊吓时还会发出大声的咳嗽声。它们奔跑速度很快，一跳能达 2.5 米高、4～7 米远。小兔猼平时比较安静也比较温顺，但在走投无路时也会向敌害发起攻击，用它强有力的后足猛踢对方，有时可以使敌害致命。雄性小兔猼有时也会发生争斗，但此时它们只用短小的上肢对打，就像人类的拳击运动一样。

兔猼属原来数量很多，在澳大利亚的草原上到处能看到它们的身影。但由于它们的肉味鲜美，很早就遭到了人类凶狠的捕杀，特别是欧洲移民进入澳洲后，它们更是厄运当头，人们不但大量捕杀它们，还到处开垦草

15

地种植作物，兔狲在失去家园的情况下，无处觅食，不得不偷食庄稼，这更增加了人们捕杀它们的理由，人们开始把它们当成害兽，见到就杀。在人类的狂捕滥杀之下，小兔狲全部被人们赶尽杀绝了。

小兔狲于 1890 年灭绝。

白足澳洲林鼠

白足澳洲林鼠体长 1.65 ~ 2 米，尾长 1.8 ~ 2.15 米。它的皮毛紧密而柔软，头和背部呈深褐色。有些个体的头和背部呈暗锈红色，其他部位呈浅灰色或沙黄色。白足澳洲林鼠的尾巴非常奇特，上半部分呈黑褐色，下半部分为白色。白足澳洲林鼠的耳朵较大，后足相对较长，雌性有 4 个乳头。除此以外，人类对白足澳洲林鼠的生活习性一无所知。值得庆幸的是，澳洲林鼠属一共有 2 种，我们可以通过和白足澳洲林鼠同属的狐尾澳洲林鼠的生活习性来猜测它们可能也是夜行性动物，喜欢利用

白足澳洲林鼠

树洞筑窝，一年四季能连续繁殖，妊娠期 34 天左右，幼仔 20 天后就能独立活动。如此而已。

白足澳洲林鼠大约是在 20 世纪初灭绝的，由于人类天性不喜欢鼠类，因此，对于白足澳洲林鼠的具体灭绝时间和原因十分迷茫。

白足澳洲林鼠于 1902 年灭绝。

16

斑 驴

物种分类：脊索动物门→脊索动物亚门→哺乳纲→奇蹄目→马科→马属。

斑驴生活在非洲广阔的草原地带，生活在南非从好望角到奥兰治的辽阔草原上。

斑驴的四蹄健硕，奔走速度很快，可达 70 千米/小时，有"草原骑士"之称。斑驴最初是由南非的霍屯督人发现的。他们对这个类似于斑马的奇异动物充满好感，觉得斑驴生性机敏，对一切入侵者——无论是人是兽都怀有强烈的敌意，比狗还警觉，因而便把斑驴驯做

斑 驴

家马的夜间守护者。他们还模仿斑驴的嘶鸣之声而称其为"夸嘎"。斑驴不但能守护家园，而且在经过驯服后还能替主人拉车。

在 1830 年，英格兰一度兴起用斑驴拉车的风气。斑驴由于肉质鲜美且出肉量高，因此一直是非洲人主要猎食的对象，但原始的狩猎方法并没有给斑驴群体以致命打击。直到 19 世纪，欧洲移民大量涌入非洲，他们采用套索、火器等装备进行疯狂的猎捕，还大肆劫掠、贮藏、盗运斑驴的皮张。当时欧洲人看到如此美丽的动物都倍感兴趣，一时间斑驴标本价格昂贵，这更促使了这些贪婪的欧洲人对斑驴大开杀戒。到了 19 世纪中期，非洲南部已经很少再能见到斑驴了。作为一种野生动物，斑驴的个性十分倔强，早年人们不得不用"桀骜不驯"和"宁死不屈"来形容它的性格。1860

年，一头饲养在伦敦动物园的斑驴，因不能忍受长期的禁锢，奋然撞墙而死，举世震惊。

斑驴有"草原骑士"之称

作为非洲最有名的灭绝动物之一，斑驴实际上是草原斑马的亚种，曾经大规模地生活在南非基普省和橘色自由州的南部地区，它与其他斑马的区别就在于，明显地只在身体前半部分有条纹，而到身体中间部分时条纹就逐渐变淡消失，条纹间黑色的区域逐渐变大，直至后腿和臀部全都是一片棕色。

在自然界中，斑驴常和牛羚、鸵鸟混群吃草，并一同作战，共同抵御共同的敌人——狮子。在宽阔的草原上对付捕食者的偷袭谈何容易，几种动物组合之后，凭借鸵鸟的视力、牛羚的嗅觉、斑驴的听力，取长补短，所以能够有效地御敌。正因为如此，斑驴才很少被天敌捕食。

最初在 1788 年时，斑驴被视作一个独立物种——马属斑驴；而在其后 50 年间，自然学者和探险家们发现了许多种其他斑马，由于各种斑马间毛皮的花纹各不相同（实际上任何两只斑马身上的条纹都不会完全一样），分类学家发现这样一来新兴物种太多了，并不利于人类区分哪些是真正的物种，哪些是亚种，哪些只是自然变异。就在人类还未理清分类的混乱之时，在人类的猎食、收集皮革、家养驯化之下，斑驴已走向了灭绝。最后一只野生斑驴大约在 1878 年被射杀，世界上最后一只捕获的斑驴则于 1883 年 8 月 12 日，死于阿姆斯特丹的阿蒂斯·马吉斯特拉动物园。

由于对斑马的分类极度混乱，尤其是对于一般大众来说，斑驴灭绝时人们还将它视作一个独立物种。后来，斑驴成为首类进行了 DNA 测试的灭绝动物，在史密森学会关于遗传的调查中，发现斑驴实际上根本不是一个单独物种，而是草原斑马的众多变种之一。

斑驴这种动物已在100多年前灭绝。

东袋狸

物种分类： 脊索动物门→脊椎动物亚门→哺乳纲→有袋目→袋狸科。

分布范围： 东袋狸分布在澳大利亚东部的昆士兰州至维多利亚州。

东袋狸

动物简介： 世界上所有的有袋类动物全部生活在澳大利亚，塔斯马尼亚及新几内亚和邻近岛屿，东袋狸也不例外。

东袋狸对环境的适应能力非常强

东袋狸仅存活在维多利亚州和塔斯马尼亚州。塔斯马尼亚州的数量略多一些，而在维多利亚州唯一所知的东袋狸出没地点只是在 Western Ba-salt（西部玄武岩）平原。

100多年前东袋狸生活在澳大利亚南部。

不幸的是自1893年起那块地区再也未见东袋狸。

被人驯养的动物例如猫和狗对东袋狸造成了很大的威胁，同时人们也造成了东袋狸栖息地的急速减少。

东袋狸是一种夜行性的有袋动物。这种动物对于窝的地点非常随意和变通，只要窝周围的地面被浓密地遮掩着而且不用走太远去捕食。

墓地、花园、公园、农田和树林是很普遍的地点。它们的窝是由草做成的，经常可以在足够隐蔽的矮树丛中找到。而雌性东袋狸只在哺育幼子的时候才单独建窝。

东袋狸的背部有着灰褐色的毛皮，到腹部则演变成浅灰色。在臀部

东袋狸

处有 2~3 条为浅灰色的皮毛（和腹部颜色相似）。这种动物从头到尾的平均身长约为 400 毫米，体重则为 800 克。尾巴明显短于它们的身体，而鼻子非常的尖。

它们主要以蚯蚓、植物、蟋蟀、甲虫、鳞茎和水果为食。东袋狸主要依靠在土壤中挖掘浅洞来捕获食物。

东袋狸的繁殖期一般整年都有，但在夏季的月份中比较少一点。而在干旱的季节繁殖便会停止，直到环境回复到比较舒适的时候才继续开始。东袋狸的怀孕期约为 12 天，一窝约生下 3 只幼崽。小东袋狸出生后，它们会待在育儿袋中大约 8 个星期，并在其中断奶。一旦一窝的幼崽全部断奶，雌东袋狸可以立即再产下一个新的窝。一只雌性东袋狸一年中可能会产下 3~4 窝。东袋狸的平均寿命约为2.5 年。

东袋狸、西袋狸曾经是澳大利亚数量最多的两种袋狸，但因为它们寻找食物时往往会毁坏农田和花园。因此长期以来一直被人们当作害兽而进行捕杀，人们不但用夹子捕杀它们，还在食物中伴进毒药投放到它们生活的地方，致使大量东袋狸、西袋狸被毒死。19世纪后期，人们大量砍伐雨林和垦荒种田同样给它们带来了厄运，人们的行为使东袋狸、西袋狸到20世纪后数量骤减，但人们的捕杀行动及破坏它们栖息地的行为并没有停止。在人类的干预下，东袋狸在1940年全部灭绝。

西 袋 狸

物种分类：脊索动物门→脊椎动物亚门→哺乳纲→有袋目→袋狸科。

西袋狸

分布范围：西袋狸分布在澳大利亚西部大沙、吉布森、维多利亚三大沙漠以西。

世界上所有的有袋类动物全部生活在澳大利亚、塔斯马尼亚及新几内亚和邻近岛屿。西袋狸也不例外，西袋狸分布在澳大利亚西部大沙、吉布森、维多利亚三大沙漠以西。西袋狸，体长0.24~0.35米，尾巴短，只有0.06米左右，脸尖耳阔，眼睛小而圆，从头部看很像老鼠，它们后肢发达，与其他有袋类一样是靠后肢跳跃前行。它们的毛色棕褐，在身体后半部有数量不等的白色条纹，从条纹上看很容易与其他袋狸进行区分。它们的雌性有8个乳头，每胎产2~6崽。

西袋狸对环境的适应能力非常强，从低地雨林和耕地至沙漠和3000米以上的高山地带都可生存。它们一般在清晨和傍晚活动觅食。它主要以虫子为食，也吃一些比它们还小的鼠类动物和一些植物的根茎、块茎。

西袋狸曾经是澳大利亚数量最多的袋狸，但因为它们寻找食物时往往会毁坏农田和花园。因此长期以来一直被人们当作害兽而进行捕杀，人们不但用夹子捕杀它们，还在食物中伴进毒药投放到它们生活的地方，致使大量西袋狸被毒死。19世纪后期，人们大量砍伐雨林和垦荒种田同样给它们带来了厄运，人们的行为使西袋狸到20世纪后数量骤减，但人们的捕杀行动及破坏它们栖息地的行为并没有停止。在人类的干预下，西袋狸在1910年全部消失了。

西袋狸从头部看很像老鼠

北部白犀牛

外形：体积大。

灭绝原因：国际自然保护联合会在内罗毕发表报告说，在非洲，尽管犀牛总体数量在增加，但北方白犀牛濒临灭绝。报告说，到2006年8月，非洲仅有4头北方白犀牛，均生活在刚果（金）东北部的加兰巴国家公园内。此后，这4

北部白犀牛

头北方白犀牛再也没被保护人员发现过。

刚果瓜兰巴国家公园拥有世界仅存的不足 25 只的北部白犀牛，北部白犀牛将可能在地球上彻底消失。

瓜兰巴国家公园位于刚果民主共和国的边境上，由于当初建园的初衷就是准备把该公园申请成为世界自然遗产之一，因此建造者们不遗余力，圈起大面积的草地与树林。瓜兰巴国家公园拥有许多世界稀有动物，例如丛林象、野牛和黑猩猩等。当然，最珍贵的动物还要算那些数目不足 25 只的北部白犀牛了。

北部白犀牛与非洲南部的白犀牛在基因上存在较大差异，它们曾在乌干达大量繁殖，但是由于当地政府的疏于保护而渐渐消失。在瓜兰巴国家公园中，它们的数目曾于 20 世纪 80 年代后期达到 35 只，在 2003 年 4 月只剩下 30 只，其后有 6 只被杀，同期有 4 只新出生，在之后又有 2 只被猎杀，同时还有近千头大象被杀。

尽管象牙犀牛角等交易在全球范围内被禁止，但是黑市交易仍然热火朝天，在也门就有专门的犀牛角市场，在那里以犀牛角制成手柄的匕首是众多买家和卖家关注的焦点，是身份的象征。

23

中国犀牛

中国犀牛曾广泛分布在中国南方各省，它们主要栖息在接近水源的林缘山地地区。中国犀牛是一种最原始的犀牛，皮肤又硬又黑呈深灰带紫色，上面附有铆钉状的小结节；在肩胛、颈下及四肢关节处有宽大的褶缝，使身体看起来就像穿了一件盔甲。雄性鼻子前端的角又粗又短，而且十分坚硬，所以人们又称之为"大独角犀牛"。中

中国犀牛

国犀牛曾广泛分布在中国南方各省份，主要栖息在接近水源的林缘山地地区。唐朝时，湖南、湖北、广东、广西、四川、贵州甚至青海都有分布；明朝时，只分布于贵州、云南。

中国犀牛一般体长在 2.1 ~ 2.8 米，高 1.1 ~ 1.5 米，重 1 吨。它有许多独特的外貌特征，异常粗笨的躯体，短柱般的四肢，庞大的头部，全身披以铠甲似的厚皮，吻部上面长有单角或双角，

中国犀牛有许多独特的外貌特征

还有生于头两侧的一对小眼睛。它们虽是身体庞大、相貌丑陋，却是胆小不伤人的动物。不过它们受伤或陷入困境时却凶猛异常，往往会盲目地冲向敌人，用头上的角猛刺对方。它们虽然体型笨重，但仍能以相当快的速度行走或奔跑，短距离内能达到 45 千米/小时左右。

中国原有三种犀牛：大独角犀（印度犀）、小独角犀（爪哇犀）和双角犀（苏门犀）。

印度犀又称大独角犀，有一个鼻角，身上的皮肤似甲胄，体型较大，是仅次于白犀的大型犀牛。印度犀现分布于印度北部和尼泊尔等地，虽然数量不多，仅千余头，但仍是目前亚洲数量最多的犀牛。

爪哇犀又称小独角犀，外形和印度犀很接近，但是体型略小，仅雄性有角。爪哇犀原分布于东南亚广大地区，现在仅存于爪哇岛极西部和越南一处森林中，总数不过几十头，且无人工饲养，是现存最珍贵的动物之一。

苏门犀是现存体型最小和唯一披毛的犀牛，和爪哇犀一样原分布于东

24

中国犀牛是大型犀牛

南亚的广大地区，现在分布较零星，但尚比爪哇犀分布广泛，数量也略多，现存数百头。

人们把犀牛角当成珍贵的药材，同时也将它与象牙一样用来雕刻制成各种精美的工艺品，人还将犀牛的皮和血入药，在宋朝就有用犀牛角的记载。

犀牛角是一种珍贵的清热凉血中药材，其皮和血也可以入药，救人无数，在中国宋朝就有用犀牛角的记载，另外犀牛皮也在古代被广泛用于士兵皮甲制作，这加速其灭绝速度。

由于滥杀，犀牛数量越来越少，因此越发显得珍贵。于是只有有权、有财的人才能享用。到了清朝，南方各省官员为了使犀牛角成为自己私有的财产，发出公告，不许民间乱捕犀牛，只许官方猎杀。这样，犀牛遭到了官兵的狂杀滥捕，他们打死犀牛，当场把犀牛角锯下，然后多数进贡给他们的上司和皇上作为珍贵药材，为他们以后升官发财铺平道路。当时最多出动上千官兵，一次能捕几十头犀牛，当时民间一些人为了发财也大量偷猎犀牛。

如此疯狂捕杀，到了公元 20 世纪初，犀牛在中国所剩无几。这时的犀牛角更显得珍贵，但据当时官方资料，在公元 1900 年到公元 1910 年，仅 10 年间，官方和民间进贡的犀牛角就有 300 多支，这还不包括偷运到国外的！而这之后，犀牛就很少能捕到了！

1916 年，最后一头双角犀（苏门答腊犀）被捕杀；1920 年，最后一头大独角犀（印度犀）被杀；1922 年，最后一头小独角犀（爪哇犀）被杀。

25

在这最后十余年间，共捕杀不足 10 头。此后，没人能在中国再看到任何一头犀牛。

公元 1922 年之后，犀牛在中国销声匿迹了。

昆士兰毛鼻袋熊

物种分类：脊索动物门→脊椎动物亚门→哺乳纲→有袋目→袋熊科。

分布范围：
分布在澳大利亚昆士兰州东部，南部和中部的半沙漠化草原地区。

昆士兰毛鼻袋熊

昆士兰毛鼻袋熊分布在澳大利亚昆士兰州东部，南部和中部的半沙漠化草原地区。它的长相虽然不善，却是地地道道的食草动物。昆士兰毛鼻袋熊的体型非常强壮，腿脚有力，爪子锋利。

昆士兰毛鼻袋熊的牙齿一生都在生长，这个特征类似于啮齿动物。和许多有袋动物一样，昆士兰毛鼻袋熊也喜欢在夜间活动，但通常在晨昏活动得比较频繁一些。比较有趣的是它们活动时候以独来独往居多，但却不在乎与同类共享洞穴。昆士兰毛鼻袋熊的采食非常特别，它们总是习惯于在洞穴的出入口附近吃"窝边草"，不会离开洞穴很远。也许正因为如此，它们的洞穴规模出乎意料的庞大，纵深竟能达到 800 米左右，出入口也有好几个。

昆士兰毛鼻袋熊的幼崽通常在比较湿润的季节，也就是 11 月至第二年

昆士兰毛鼻袋熊是食草动物

4月出生。幼崽要在育儿袋中待上将近1年，1年以后，小昆士兰毛鼻袋熊才能真正独立生活。

昆士兰毛鼻袋熊体重约25~28千克，体长95~105厘米，尾长可达5.5厘米，因而形成某矮胖的体型，四肢粗短，前肢的趾头长，趾甲坚硬，常用以在地面挖洞筑巢；头色有咖啡色毛茸所被覆，体毛长，呈绢毛状，外耳长，其尖有白色长毛。

昆士兰毛鼻袋熊雄性体长在1米左右，身高约0.35米，体重约35千克，雄性的体长和体重都要超过雌性一点，尾长0.6米，体毛颜色通常呈褐色，夹杂着灰色，淡黄色和黑色的斑点，非常柔软和光滑，鼻子上覆盖着一层褐色的毛。耳朵较长，其边缘有一圈白色的毛。昆士兰毛鼻袋熊的体型非常强壮，腿脚有力，爪子锋利，这些都便于它们挖食植物的根茎。

昆士兰毛鼻袋熊多栖息于山丘斜坡，水丰的山崖及岩石间，以前脚掘洞，后脚拨土筑巢，其巢多有一个小孩大小。夜行性的昆士兰毛鼻袋熊性，但偶尔也曾在白天觅食；食物主要为地下茎及草根，青草及树皮有时亦可当做食物。它们独居生活，只有在繁殖季节雌雄才到一起，但交配后不久，雌兽就把雄兽赶跑。

由于栖息地遭到破坏，以及和家畜争夺事物而遭到捕杀，昆士兰毛鼻袋熊的生存环境每况愈下。栖息地有小规模火山爆发，影响其生育地。

在新南威尔士州的里否赖纳地区，曾经生活在那里的数量众多的昆士兰毛鼻袋熊，已经很长时间不见踪影了。

在昆士兰东南部，昆士兰毛鼻袋熊在1900年就已经灭绝了。

南 极 狼

物种分类：脊索动物门→脊索动物亚门→哺乳纲→食肉目→犬科。

南极狼在19世纪以前，阿根廷最南端的圣克鲁斯省西面的福克兰群岛上生活着一种狼，由于福克兰群岛非常接近南极圈，因此动物学家们为此种狼取名为南极狼。南极狼可以说是世界上生活在最南端的狼。

南极狼的模样同狗很相近，只是眼角斜，口稍宽，吻尖，尾巴短些且从不卷起，垂在后肢间，耳朵树立不曲。

为了生存，南极狼在长期的进化过程中变得犬齿尖锐，很容易地将食物撕开，几乎不用细嚼就能大口吞下；白齿也已经非常适应切肉和啃骨头的需要。

南极狼的毛色随气温的变化而变；冬季毛色变浅，有的甚至变为白色。

福克兰群岛海岸曲折，潮湿多雾，岛上草原广阔，水草丰美。到了18世纪末，这里的畜牧业已经相当发达，岛上大部分居民从事畜牧业。

这里广阔的草原和种类繁多的食草动物以及啮齿动物也给南极狼提供了良好的生活空间及食物来源。

本来狼在人们心目中就是臭名昭著，南极狼有偷食羊和家畜的习性，这样就增加了当地牧人对南极狼的厌恶。为了使自己

南极狼

南极狼冬季时毛色变白

的利益不受损害，牧人们就纷纷联合起来，开始捕杀南极狼。

1833 年，英国政府对福克兰群岛的霸占更加速了南极狼的灭亡。英国人的侵入并没有使当地牧人停止对南极狼的捕杀，而是和同样对狼恨之入骨的侵略者一起组成了强大的灭狼队伍。他们用英国人带来的枪支对付南极狼。随着枪声的不断响起，所剩不多的南极狼也一只只地倒在血泊之中。到了 1875 年，南极狼已经被当地

的牧人和英国彻底消灭了。

可时隔不久，失去天敌的食草动物和啮齿类动物给当地带来了更大灾难。这些动物在没有天敌的情况下，迅速繁殖，数量日益增多。它们大量啃食，破坏草场，使原来丰美的草场不见了，取而代之的是大片大片的沙化土地，失去草场的牧人不得不另寻他业。

塔斯马尼亚虎

物种分类：脊索动物门→哺乳纲→袋鼬目→袋狼科→袋狼属。

塔斯马尼亚虎已于 1936 年灭绝，因其身上斑纹似虎，故名塔斯马尼亚虎，祖先可能广泛分布于新几内亚热带雨林、澳大利亚草原等地，是近代体型最大的食肉有袋类动物。和其他有袋动物一样，母体有育儿袋，产下不成熟的幼兽，在育儿袋中发育，为夜行性动物。

塔斯马尼亚虎体型苗条，脸似狐狸，嘴巴可以张成 180°，经常潜伏树上，突然跳到猎物背上，一口可以将猎物的颈咬断。

所谓的"塔斯马尼亚虎"属于食肉类动物，它们除了身上有斑驳的条纹之外，其实并没有什么地方长得像老虎，相反，它们看上去倒更像野狗。早期的澳大利亚居民讨厌这些祸害羊群的家伙，于是用射杀、毒杀和诱杀等方法在不长的时间内就将其全部"消灭干净"。

塔斯马尼亚虎

虽然最后一只塔斯马尼亚虎已经死了将近 70 年，但从实验室保存的样本中抽取其基因样本的科学家表示，这些基因的脱氧核糖核酸（DNA）仍然"活着"，因此完全可能进行成功的"老虎复制"工作。这项研究工作由澳大利亚博物馆具体负责。

塔斯马尼亚虎看上去更像狗

主持"克隆老虎"工作的博物馆馆长阿彻教授指出，从前被认为纯粹是"痴人说梦"的事，现在已经渐渐成为生物学上的事实。他说，自己不想仅仅重新制造出一头能在实验室内走动的"奇怪动物"来，而是要复制出足够数量的塔斯马尼亚虎种群，并让它们重返丛林。

新 疆 虎

物种分类：脊索动物门→脊椎动物亚门→哺乳纲→食肉目→猫科→豹属。

分布范围：主要分布在新疆中部，由库尔勒沿孔雀河至罗布泊一带。

新疆虎是西亚虎的一个分支，主要生活在新疆中部，由库尔勒沿孔雀河至罗布泊一带。

新疆虎是我国虎种的五个亚种之一。根据记载最初是从博斯腾湖附近获得它的标本，于1916年正式定名的。有记述说，新疆虎主要分布在塔里木河与玛纳斯河流域。但使人疑惑的是，迄今谁也没有真正见过或捕捉到它，也很少有它活动的消息。传闻20世纪50年代曾有牧民在塔里木河下游的阿尔干附近见到过老虎，但因是传闻，其真伪无从证实。新疆到底有没有虎？新疆虎到哪里去了？对这些问题人们众说纷坛，一直找不到确切的答案。

新疆虎

新疆虎的个头仅次于西伯利亚虎，体长一般在1.6～2.5米，尾长约0.8米，重200～250千克。1900年3月28日，瑞典博物学家斯文赫在我国西北新疆境内首先发现了消失了几个世纪的楼兰古迹，同时还发现了新疆虎。他的这一发现说明原来这里水草丰茂，森林茂密，因为有虎的地方必定有大片的森林，有大量的食草动物和充足的水源。当时的新疆虎就是在这样良好的自然环境中无忧无虑地生活着。

可是自从中国古代商人开辟了"古丝绸之路"之后，楼兰由于地理位置优越，逐渐成为西亚地区重要的交通枢纽，同时也成为了商业、文化交流中心，人口随之猛增，并达到了鼎盛时期。由于人口的增多，急需大量自然资源，这样森林成片的被砍伐，草场被耕种，致使河流断流，土地沙漠化严重，繁华的古楼兰同时也走向了衰败，最终被沙漠

新疆虎是我国五个虎种亚种之一

一夜之间吞噬了。古楼兰从此由一片绿洲变成了一望无际的茫茫大沙漠。

最后一只新疆虎在1916年消失

与古楼兰一样，新疆虎同时也遇到了空前的劫难，失去了森林，就等于失去了食物来源，失去了美丽的家园。大批新疆虎死去了，但仍有一小部分凭借着顽强的生命力在沙漠中仅有的绿洲里顽强地生活。直到1900年，斯文赫定发现它们，这也是现代人第一次知道并认识了新疆虎。在这以后的十几年当中，由于这一地区环境又进一步恶化，加之一些利欲熏心的人对新疆虎的猎杀，所剩无几的新疆虎最终也没有逃脱厄运。

人类最后一次发现新疆虎是在1916年，在这以后的数十年间，科学工作者曾多次寻找过它们的踪迹，但始终再也没发现过。可以说新疆虎主要是在人类破坏自然环境之后结束它们最终的生命历程的，1916年就灭绝了。

白臀叶猴

中文俗名：海南叶猴。

保护等级：《华盛顿公约》（CITES）附录Ⅰ级。

其他名称：黄面叶猴、海南叶猴、毛臀叶猴等。

地理分布：在中国仅分布于海南岛，国外分布于老挝、越南、柬埔寨等东南亚国家。

生活环境：白臀叶猴主要栖息在热带森林。

白臀叶猴因其雄性臀部具有三角形白色臀斑而得名。它又叫黄面叶猴、海南叶猴。

白臀叶猴

它的雄兽体形略大于雌兽，体长为 61～76 厘米，尾长为 56～76 厘米，体重 7～10 千克，是体色最绚丽多彩的灵长目动物之一。体毛大部分为灰黑色，脸部黄色，有一圈稀疏的白色长毛；鼻孔朝上，鼻梁平滑；深褐色眼睛呈斜角杏仁型，眼周有黑圈；颈部有白色和栗色的条纹，下颌有红褐色的簇状毛；胸腹部为棕黄色，并且有一个宽大的、呈半圆型的栗色胸斑，胸斑外面的轮廓为黑色；长长的尾巴为白色，尾巴外围呈三角形的臀盘也是白的，因此得名，雄兽的臀盘上端还有两个白色的圆点，但雌兽没有；腿的上部分为赤褐色，下部分为黑色；两臂由肘到腕为白色，手和脚为黑色。

白臀叶猴为昼行性，完全树栖，主要在森林的上层活动，几乎从不下到地面上，善于跳跃，一跃可达 6 米多远，动作优雅。食物也是以各种鲜叶嫩芽为主，兼食各种野果，所不同的是很少吃昆虫等动物性食物，也很少到水边去喝水，这可能是它从树木的嫩叶和幼芽中已经能吸取所需水分的大部分，另外还能从清晨枝叶上的露珠得到一些水分。平常喜欢群居，既有小群，也有大群。小群一般是 4～5 只或 8～10 只，包括 1～2 只成年雄兽、几只成年雌兽和若干幼崽。但有时也能见到 50～60 只以上的大群在一起活动，这似乎是若干个家族的临时聚合。

白臀叶猴完全树栖

白臀叶猴成熟年龄较晚，繁殖率也低。雄性 5 岁才性成熟，雌性为 4 岁，每次只产 1 崽。雌兽的发情周期为 28～30 天，发情中时大腿的内侧由白变红，甚至持续于整个怀孕期。怀孕期为 165 天左右，大多在 2～6 月间产崽，即使在怀孕期间，仍然允许雄兽交配，甚至在产崽的当天也曾见到有交配行为。初生的幼崽身体为白色，面部为黑色，眼睛附近有白斑，毛冠及颈、背部有红色。幼崽受到群体中所有雌兽的关注，争相搂抱并为之理毛。雄性性成熟的年龄为 5 岁，雌性性成熟的年龄为 4 岁。

白臀叶猴共有 2 个亚种，指名亚种的脸部为桔黄色，背毛灰而斑驳，腿部的下方为栗褐色，腕部为白色，另一个亚种脸部和腿的下部都是黑色，像穿着黑色的袜子，前臂为灰色，腕部也不呈白色，手脚均为黑色。我国仅有指名亚种，唯一的产地据说是海南岛，但这一说法还是有很多疑问的，因为有关白臀叶猴产于我国海南岛的唯一证据，是 1892 年德国德累斯顿博物馆的梅那给英国伦敦动物学会的一封信，信中说这个博物馆收到一只白臀叶猴雄兽的标本，据说来自中国的海南岛。但从那时到现在，已经过了100多年，不仅从来没有采到第二只白臀叶猴的标本，而且也没有发现过它的任何踪迹，因此我国很可能并不产白臀叶猴，或者很早就已经绝灭。

在国外，白臀叶猴的处境也很不妙。在越南战争中，不仅有飞机、大炮和地雷的狂轰滥炸，而且还使用了落叶剂，使大片的原始森林遭到毁灭，白臀叶猴的栖息地已经所剩无几，数量更趋稀少。

猫　狐

物种分类：脊索动物门→脊椎动物亚门→哺乳纲→食肉目→犬科。

猫狐，狐狸的一种，夜行性食肉动物，行动敏捷，但耐力较差，主要以鼠、兔和昆虫为食，曾广泛分布于北美洲西部平原和荒漠中，现已灭绝。

猫狐是在北美洲西部的平原和荒漠中，曾经广泛分布着的一种狐狸。

它们的平均体长只有0.51米，一对大耳朵在娇小的体态衬托下显得非常大。成年猫狐的背毛，在夏季介于浅黄色和黄灰色之间，到了冬季背毛就会变换成灰褐色，但无论冬夏，它的腹毛总是呈白色，尾毛呈浅黄色或灰黄色，而尾尖的黑色显得特别醒目。

猫狐是夜行性食肉动物，主要以鼠、兔和昆虫为食。和其他种类的狐一样，猫狐的食性也表现为多样性，在主食以外，它们有时也吃一些植物。猫狐捕猎时的奔跑速度相当敏捷，即使是在奔跑中转身动物也非常迅疾，但耐力不持久。猫狐的天敌主要是狼、山猫和猛禽，为了能即使躲避天敌的袭击，猫狐不停地在它的活动区域内挖洞，一年里

猫　狐

挖的洞穴甚至要超过 60 个，猫狐挖掘洞穴的本意是为了躲避天敌，但由于它们不停地挖掘和其他一些原因引起洞穴以外坍塌事故，使一些幼狐被砸死，小猫狐一般 10 周后就可以断奶，22

猫狐是夜行性食肉动物

个月成年。约 1 周岁，父母会将小猫狐赶出家门，让其自谋生路。

8 世纪末，随着开发西部的热潮到来，猫狐的霉运也就开始了。人们发现猫狐的经济价格虽然不高，但用来练枪法和取乐也确实不错，又因为猫狐会毁坏农作物，所以农场主对猫狐也非常反感。随着"人祸"的频频袭来，猫狐数量急剧下降。1903 年，南加利福尼亚州的猫狐首先灭绝了，其他地区的猫狐也纷纷走到了灭绝的边缘。

纹兔袋鼠

物种分类：脊索动物门→脊椎动物亚门→哺乳纲→有袋目→袋鼠科。

纹兔袋鼠是袋鼠家族中一个特别的种。它产于澳大利亚西部，包括沙克湾的一些岛上。历史上纹兔袋鼠也曾在澳大利亚南部生活过，在墨累河下游，考古工作者发现了纹兔袋鼠曾经在那里生活的足迹。

纹兔袋鼠体长在0.4~0.46米，尾长约0.35米，体重2~3千克。它的体毛较长，浓密且柔软，体色呈浅灰，并因带有黑色的条纹而著名。在澳洲大陆，纹兔袋鼠的主要栖息地为平原多刺灌木丛和沼泽地边缘地区。在其他小岛上，它们主要生活在刺槐林中。纹兔袋鼠属于夜行性动物，每当夜晚降临时，它们就会从灌木丛中钻出来，四处搜寻各种植物和水果进食。

纹兔袋鼠喜欢过群居生活。研究表明，它们的繁殖呈周期性，繁殖期因地而异：在澳洲大陆，纹兔袋鼠的繁殖期在每年的上半年；但在其他小岛

纹兔袋鼠

上，纹兔袋鼠的生育时间比在澳洲大陆有所扩展，可以从 2 月一直持续到 8 月。纹兔袋鼠的繁殖方式与其他种类的袋鼠相比显得有些特别。它们能在一次生育以后立即再次发情交配，通常 1 胎 1 崽。

自从欧洲移民踏上澳洲大陆后，纹兔袋鼠就交上了霉运。因为欧洲移民不但带来了家畜，还带来了狐狸。前者从纹兔袋鼠口中夺走了食物，而后者干脆以纹兔袋鼠为食。在家畜和狐狸的夹击下，纹兔袋鼠迅速地走上了灭亡之路。

纹兔袋鼠在澳洲大陆的灭绝时间为 1906 年。

西 亚 虎

西亚虎主要分布在里海的西部、高加索山脉和加斯比奥地区。中国新疆中部的新疆虎也属于西亚虎。西亚虎和其他虎一样终年生活在森林、灌木和野草丛生的地区。它们单独生活，也无固定巢穴。雌雄都有各自的领域，只有到发情期才凑到一起，交配后又分开。有时雄虎会多逗留些时间。西亚虎从不离开水源，有时会游过溪流湖泊去寻求新的猎场。遇到捕猎对象

西亚虎

时，一般凭借草丛的掩护悄悄潜近猎物，然后发起突袭，捕食鹿、羚羊等任何所能捕杀的动物。

在人类眼中，虎的经济价值非常高，全身几乎都可利用。如中国人把虎骨看作名贵的中药，认为泡制的"虎骨酒"能除风祛寒，对风湿症有疗效；人类还把虎皮制成褥子或地毯、挂毯；其他如虎肉、虎血、虎须，人类都将它们入药以滋养自己。

19世纪末，东欧一些国家的人来到了西亚虎的生存地，为了能获得全身是宝的西亚虎，他们开始对西亚虎无情地大量猎杀。资料表明，在1890年到1900年，仅10年中西亚虎就被猎杀了3000多只。西亚虎所生存地区的一些王公贵族也以猎虎为乐趣。如沙俄时期的一个王宫大臣在1912年写给他的朋友的一封信中承认他曾射杀过1150只西亚虎。

这样，由于多年狂杀滥捕，到了20世纪40年代西亚虎只剩不足100只了。这时，西亚虎仍没有逃脱不法分子的猎枪。到了20世纪70年代，西亚虎仅剩下不足10只了。1980年，最后一只西亚虎在加斯比奥的丛林中孤独地死去。据官方调查：最后10只西亚虎除2只是正常死亡外，其余8只全部是由贪婪的猎人所杀。从此西亚虎永远地从地球上消失，人们再也看不到它们往日驰骋叱咤的王者风范了。

台湾云豹

物种分类：脊索动物门→脊椎动物亚门→哺乳纲→食肉目→猫科→云豹属。

台湾云豹又名乌云豹、荷叶豹、龟纹豹，它主要栖息在亚热带茂密的丛林中，还有沼泽地区。

台湾云豹比金钱豹小很多，一般体长0.8～1.2米，尾长 0.7～0.9 米，重约 20 千克，它身上的花纹非常明显，毛色基本是茶色兼灰黄色，头部和四肢有黑色斑点和条纹。身体两侧有大片云块状斑纹，非常漂亮。台湾云豹属于夜行性树栖动物。它白天躲在树上睡觉或隐身

台湾云豹

于枝叶间，夜晚才出来活动，觅食，很少在地上行走。台湾云豹是爬树能手，爬树时，它那又长又粗的尾巴可起到保持平衡的作用，身上的斑纹在树上是很好的保护色。台湾云豹生性胆小，怯懦怕人，因为在野外很难见到。

台湾云豹在 1940 年以前尚有几千只左右，但由于中国台湾地区的人自私地发现云豹的毛皮美观大方，毛质柔软并富有光泽，是制作皮衣的上等原料，当时欧美的一些人也非常喜欢用云豹的皮毛做的皮衣。云豹的骨头也被人当做中药材。台湾云豹因此遭到了灭顶之灾，被大量捕杀，此时正是台湾现代工业社会迅猛发展的时期，森林被大量砍伐，云豹失去了家园，终日食不果腹，许多最终饿死了，有些饥不择食的云豹是被一些放有毒药

的家禽毒死的。

由于大量捕杀等原因，台湾云豹的数量越来越少了，尽管中国台湾地区政府在很早以前就对云豹加以保护，但仍有一些利欲熏心的不法分子屡屡盗捕云豹。到了 60 年代后期，有专家统计台湾野生云豹不足 10 只了。可是那些不法分子仍继续捕杀云豹。1972 年最后一个台湾云豹倒在了不法分子黑洞洞的枪口之下。遗憾的是，从此人们只能在图片中欣赏美丽的台湾云豹了。台湾云豹永远离开了我们。

考古学者在距今 3000 多年的台湾卑南遗址当中，曾经发现过 3 件陪葬用的人兽形玦。在全世界的考古发掘中，这种人兽形玦只有在台湾出现过。而在人兽形玦上面，正可以找到类似云豹的图腾。

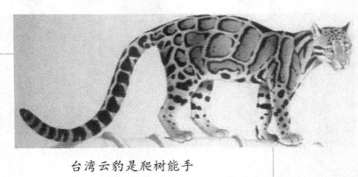

台湾云豹是爬树能手

台湾云豹第一次被列入科学文献的记载中是在 1862 年，是由第一个踏上台湾的西方国家官员史温侯（当时在英国驻打狗领事馆工作）所记载下来的。在那一年，史温侯于英国的《伦敦动物学会集刊》上，发表了《福尔摩沙岛上的哺乳动物》这篇文章，里面提到了台湾猕猴、台湾黑熊、台湾石虎、台湾云豹等哺乳动物，这也是这些动物第一次见诸于正式科学文献的记录。

然而，从 1862 年到现在的 150 多年来，虽然台湾陆续一直有人宣称看到云豹，却从来没有研究者真正看过台湾云豹的活体，甚至是活体照片，因此也无法确定人们所看到的就是台湾云豹。以台湾的动物园所豢养的云豹而言，目前有记录可查的虽然有 15 只，但都不是台湾云豹，而是从别的国家进口的"苏门达腊亚种"或其他亚种，云豹为台湾特有亚种。

目前台湾唯一能见到的台湾云豹，是收藏于台湾博物馆内的一只标本，这是日治时期所遗留下来的。而台湾最后一笔野外云豹的资料，则是出现在1983年。当时东海大学环境科学中心的研究员张万福，在一个猎人的陷阱中发现了一只已死亡的幼豹。1987年2月，行政院农业委员会请美国猫科专家罗宾维兹博士亲临台湾的大武山察视。罗宾维兹的结论是台湾尚有几处环境尚属完整、而和泰国云豹出没地区之栖息环境相似的地方，有可能还存在着云豹。

从2001年开始，为了对台湾云豹做更准确的记录，屏东科技大学野生动物保育研究所和农委会特有生物保育研究中心，开始分别在南部的大武山和中部的山区，在600个以上的观察点装设了自动照相机，想要对台湾云豹进行观察记录。该计划延续了将近3年，却始终不见台湾云豹的踪影。学者认为，台湾云豹可能已经绝种，即便没有绝种，恐怕也难以繁衍下去了，1972年就灭绝了。

台湾云豹（山水画）

巴基斯坦沙猫

物种分类：脊索动物门→脊椎动物亚门→哺乳纲→食肉目→猫科→猫属→沙猫。

分布范围：仅产于巴基斯坦与阿富汗交界处。

巴基斯坦沙猫仅产于巴基斯坦与阿富汗交界处，是沙猫的一亚种。它的身材娇小四肢短，与家猫大小相似，体长0.4～0.5米，体重2～3千克。它的体背呈淡黄色，体侧毛色逐渐变淡，腹面为淡黄灰色。

巴基斯坦沙猫生活在布满沙丘砾石的草原中，属夜行动物，白天很少活动，夜间出来觅食，主要捕食鼠兔等小型啮齿类动物，偶尔也捕食小鸟、蜥蜴等。每年春季，是它们的繁殖季节，此间雄沙猫会高声嚎叫，借此来吸引雌沙猫的注意，幼沙猫在每年的5月份出生，每胎2~5只，最多时可产10只。沙猫产率虽高，但由于筑巢于地面的草丛中，幼仔常被鹰、蛇吞食，因此成活率并不高，一般每窝只成活1~2只。

巴基斯坦沙猫

巴基斯坦沙猫不像其他野猫那样性情凶猛，而是生性温顺，特别是刚刚出生不久的幼子，捕捉后进行人工饲养，更是十分温和，因此过去在巴基斯坦一直就有人把沙猫当宠物进行饲养。到20世纪初，作为宠物饲养的巴基斯坦沙猫更是盛级一时，不过人工饲养条件下的沙猫不能繁殖，且极容易感染一种呼吸道疾病而死去。

人们为了获得沙猫必须到野外去捕捉，这给野外沙猫的生存带来了巨大的威胁。随着饲养沙猫的人不断增多，野外的沙猫数量不断减少。到了20世纪40年代，本来数量不多的巴基斯坦沙猫，在人类的大量捕捉下，野生的很快就灭绝了。此后，人工饲养的巴基斯坦沙猫，最终也没有繁殖成功，很快因疾病全部死去了！

巴基斯坦沙猫于20世纪40年代灭绝。

新墨西哥狼

物种分类： 哺乳纲，食肉目，犬科。

分布范围： 分布于墨西哥的森林中。

对于很多人来说，狼是可怕的，可是可恶的。对于狼来说，人类比它们在自然界中的天敌更可怕。新墨西哥狼看起来像德国的牧羊犬，又像爱斯基摩犬，是狼中体型较大的一种。体长可达 1.07 ~ 1.37 米，尾长 0.3 ~ 0.61 米，体重为 16 ~ 79 千克。它的体色呈棕灰色，带有

新墨西哥狼

黑色色调，背中线和前肢外侧为黑色。腹部为灰白色。新墨西哥狼是集体狩猎，除年幼以外，其余所有成员都参加，但捕食率不是很高，只能捕杀到 5% ~ 8% 的猎物。新墨西哥狼在 2 岁左右即可达到性成熟，雌性每胎可产下 3 ~ 10 只幼崽，小狼在 6 ~ 8 个星期后即可断奶。

新墨西哥狼早在 17 世纪以前就与当地的土著人一起生活在森林中。大部分时间彼此相安无事，各自按各自特有的生活规律安逸地生活着。17 世纪后期，英国在北美陆续建立了殖民地。新墨西哥狼被他们视为野蛮的象征，遭到了疯狂的捕杀。因为殖民者带来的家畜经常遭到狼的偷袭，所以他们见到狼就打。狼在走投无路的情况下，经常被迫与人发生冲突。这更加深了人们对狼的憎恨，就连当地土著人也开始和英国人一起猎杀狼了。

新墨西哥狼捕食率不是很高

人们还用投毒的方式来害死狼，一时间新墨西哥狼尸横遍野。到了 19 世纪后期，新墨西哥狼在人类的疯狂捕杀下已经很难见到了，据说 1920 年，

43

一只新墨西哥狼在偷食家畜时被打死,从此以后,人们再也没有看到过新墨西哥狼,那只狼很有可能就是最后一只新墨西哥狼。

新墨西哥狼于1920年灭绝。

欧亚水貂

欧亚水貂是食肉目鼬科貂属动物。成年雄性欧亚水貂头和身体的长度为0.28~0.43米,尾长0.124~0.19米,体重最大的不超过739克。成年雌性水貂的头和身体的长度为0.32~0.4米,尾长0.12~0.18米,体重最大不超过440克。欧亚水貂的背部呈红褐色,腹部的颜色略淡一些,下巴、胸和喉部有一些白色斑点,全身的体毛浓密而光滑,但很短。

欧亚水貂喜欢栖于小溪、河流和湖泊岸边浓密的植物丛中,选择水鼠洞、岸基裂缝或在树根部掘洞居住。它们是游泳和潜水的天才,但很少在超过100米深的水中发现它们的踪迹。欧亚水貂的活动时间主要是在黄昏和晚上,夏天的活动区域在15~20公顷范围内;到了冬天,它们的活动区域就小得多了,一般仅限于在湍急的溪流和没有结冰的水域。欧亚水貂的食物以水鼠为主,还包括了其他的小型啮齿类动物、两栖动物、软体动物、蟹、鱼,甚至昆虫。欧亚水貂有储藏食物的嗜好。

欧亚水貂

欧亚水貂交配期在每年的 2～3 月，孕期 35 天左右，幼崽的出生期在 4
～5 月。但孕期也有超过 35 天甚至长达 72 天的，不过这种情况较少出现。
欧亚水貂每次产崽 2～7 只，但通常产 4～5 只。幼仔在 4 周后才能睁开眼
睛，约 10 周后断奶，到了冬天，幼崽就能独立生活了。欧亚水貂的性成熟
期在 1 年左右，寿命为 7～10 年。

尽管欧亚水貂的毛皮似乎不如北美水貂那样有价值，但依然被人类疯
狂地捕捉，猎杀以用于商业目的。另外，水利电力的发展和水质的污染使
它们失去了一片又一片的栖息地，数量急剧减少。过去，它们在欧洲各国
都曾有分布，但在 1995～1999 年之间已全部灭绝。

中国豚鹿

物种分类：脊索动物门→哺乳纲→偶蹄目→鹿科→斑鹿属。

中国豚鹿

豚鹿是一种热带
小型鹿，产地主要为印
度、缅甸、泰国，中国曾
经也有少量野生种群生存
在云南西部的耿马县和西
盟县。豚鹿的腿比较短，
身材粗壮，因而体型显得
敏捷，不如梅花鹿般修
长，这也是被称为"豚"
鹿的原因。豚鹿腿短，行
动时喜欢低着头，所以动
作又不及梅花鹿般敏捷。

豚鹿喜欢单独活动，
偶尔有两三头聚在一起，
但从来不集结成大群。白
天，它们躲进树林草丛之

中，到了傍晚才出来觅食。豚鹿全年都可交配繁殖，这种本能有利于扩大种群。豚鹿的孕期为 220～235 天，一般每胎产一崽，偶尔产两崽。人工饲养的豚鹿，产崽大多在 4～5 月间。豚鹿并不缺少食物，它们主要吃青草、嫩叶、花和果实。它们还喜欢刨开地面吃植物的根。

中国一直到了 1959 年才查明国内有少量的野生生存。但是自然环境的迅速恶化和人们对野生动物种群保护意识的淡薄，使本来对生存条件要求并不高的豚鹿在中国很快地没有了踪影。

中国豚鹿体型粗壮，四肢短小，臀部钝圆且较低，乍看很像猪，故名"豚鹿"。身长 100～115 厘米，肩高 60～70 厘米，体重约 50 千克。通体淡褐色，背部夹杂浅棕色毛尖，腹部显灰色。夏季时，脊背两侧具不规则的灰白色斑点。雄鹿长有细长的三叉角，但整个角型较水鹿短得多。雌性豚鹿无角。中国的豚鹿体形较大，夏毛体斑不太明显。夏毛棕黄色，冬毛浅棕色或淡黄色。

豚鹿具有完整的眶后条；有眶下腺，能分泌具有特殊香味的液体，涂抹在树干上以标记领地；蹄间、后足等处有臭腺；没有上门齿，有短小的臼齿；胃具 4 室，反刍；没有胆囊；毛较短；前后肢各有 2 根中掌骨和中跗骨愈合，形成炮骨；足具 4 趾，第二和第

中国豚鹿体型粗壮，四肢短小

五趾退化或仅有残迹；蹄发育良好，没有脚垫，直接触地。

中国豚鹿善于穿越灌草丛

豚鹿主要栖于海拔 500～800 米的江河两岸及其附近长有蒿草（芦苇）的沼泽湿地。很少进入离河岸较远的山地森林活动。很少见于陆地森林。它们既善于穿越灌草丛，也能跳跃障碍。多独居夜行，偶尔成对活动。

中国豚鹿既善于穿越灌草丛，也能跳跃障碍。它性喜独栖，多独居夜行，一般单独活动，偶尔 2～3 只在一起，但从不结成大群，仅在发情季节和采食场所常集成临时小群，每群数只到 10 余只不等。

它白天常隐于湿地内高草丛或芦苇丛中，以苇草的茎叶等为食，尤喜食马鹿草，亦常到烧荒后再生的嫩苇草处觅食；也吃芦苇叶及其他的水草，还会偷食大豆、玉米苗和瓜类等作物。

豚鹿喜欢水，生境包括热带河畔的密草丛林区、多草的冲积平原或河口的小岛，也包括河口的草原和多苇的沼泽地。豚鹿的视觉、嗅觉和听觉都相当敏锐，只是跑得不快。

中国 20 世纪五六十年代豚鹿在云南西南部被发现（收购到角和皮）。在耿马地区，估计有 10 余只。杨德华等（1965）调查，仅发现 4 只。80 年代末期再作调查时，耿马地区已经绝迹。西盟边境地区是否还有残存尚不清楚。据群众反映，南丁河上游的镇康、云县和临沧可能有分布，但未经证实。

致危因素主要是栖息生境被完全破坏。70 年代中后期，孟定南丁河地区开办农场，彻底毁坏了豚鹿的栖息生境，豚鹿失去了最基本的生存条件。另外，猎捕也是造成豚鹿在野外绝迹的因素。

中国濒危动物红皮书宣布豚鹿在中国绝迹。野生豚鹿在中国的灭绝时间是 1960 年以后。

牙买加仓鼠

物种分类：脊索动物门→脊椎动物亚门→哺乳纲。

分布范围：牙买加。

48

自然界中的每个物种都是其所在生物链中的重要一环，为了保持生态平衡起着至关重要的作用，因此说，自然界中没有绝对的有害物种，所谓的有害物种，都是人类在以自我为中心的观念下强加于它们的。特别是许多动物，被人类称之为害兽，其实它们是无辜的。更为不幸的是，它们中许多被人类定为害兽后，遭到了人类的狂捕滥杀，使其最终走向了灭绝。牙买加

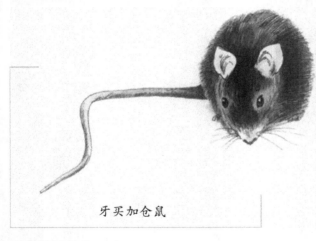

牙买加仓鼠

仓鼠就是其中一种。

牙买加仓鼠的身长有 0.2 米，体重 0.5 ~ 0.6 千克，它们在草丛，树林，农田中都能生存，在这些地方挖洞而居，以各种植物的种子为食。它们的洞很深，有的可达几十米，有多个出口。洞内大部分空间用来储存粮食，据说，最多的可储存上百千克事物。牙买加仓鼠全年均可繁殖，每窝可产 5 ~ 6 只幼崽，孕期为 28 天，幼崽出生后 2 个月即可性成熟。牙买加仓鼠虽

繁殖速度快，但原来它们的数量并不很多，因为它们的天敌也多，很好地控制了牙买加仓鼠的种群数量。

但是进入 16 世纪后，人类开始大量捕杀野生动物，牙买加仓鼠的天敌也随之开始迅速减少。在失去天敌的情况下，牙买加仓鼠数量迅速增多，并且大量偷食粮食，造成了严重的鼠灾。这引起了人们对它们的仇恨，继而投入到灭鼠的运动中，到处抛撒拌有毒药的粮食，使牙买加仓鼠大批误食而亡。由于牙买加仓鼠数量太多，直到 19 世纪初期，才在人们的毒杀下有所减少，但人们想彻底消灭牙买加仓鼠，不留后患，因此捕杀牙买加仓鼠并没有停止。牙买加仓鼠原本生活得很好，正是因为人类的行为使它们泛滥成灾，最终又被人类消灭。牙买加仓鼠灭绝于 1880 年。

新南威尔士白袋鼠

新南威尔士白袋鼠的祖先并不是白色，产生白袋鼠的原因是由于其基因突变白化，再通过人工培育而成，因而白袋鼠比其它袋鼠更为珍贵。据管理人员介绍，此次出生的小袋鼠有着非常袖珍的体形，体重仅有 1 ~ 2 克，体长也只有 2 厘米，而且耳目全无、未曾发育，因此小袋鼠只好藏在母袋鼠的"袋"中，至少要 5 个月后才被逐出"袋"中。

根据袋鼠的生活习性推测，还有第 2 只小袋鼠目前正待在母袋鼠子宫里将要出生。由于母袋鼠同时可以拥有和哺育"三代"小生命，饲养员预测，此番初作母亲的白袋鼠会成为 3 个白袋鼠宝宝的妈妈。这种现象在哺乳动物中是独一无二的。

新南威尔士白袋鼠

据了解，白袋鼠是赤袋鼠的白化种类，目前全球数量很少。

新南威尔士白袋鼠，1927 年灭绝。该物种被英女王誉为澳大利亚最漂亮的动物。

北美白狼

物种分类：脊索动物门→脊椎动物亚门→哺乳纲→食肉目→犬科。

北美白狼

狼是地球上除了人类以外分布最广的动物，过去世界上有 30 多种狼。它们的皮毛多为茶色和暗灰色，只有一种是白色的，又被称为梦幻中的狼，生活在人烟稀少的纽芬兰岛的荒山上。

北美白狼全身都是白色的，只有头和脚呈浅象牙色。在大雪中这无疑是最完美的保护色。北美白狼是狼体型较大的一种，身长近 2 米，重 70 千克，有巨大的头和细而柔美的身体。

春夏之季，是它们的繁殖季节，它们把生儿育女的洞穴挖在荒山的裂缝下面，然后在夜色中行走 200 千米去寻找食物。

在 19 世纪初叶，北美大平原曾是世界上野生生物最丰饶的地区之一，然而，1880 年以来，狼的数量便开始在这块广袤的土地上锐减。同时失去的动物还有野牛、灰熊、羚羊、美洲鹤及草原榛鸡，连带着大大小小的野生动物，或被枪杀、或遭荼毒。

北美白狼成为第一种走向灭绝的北美狼。到 1945 年，除了墨西哥狼及少数孤立的残余种群，在加拿大边境以南的广大地域，已经是狼迹全无了。

北美白狼是晚上觅食，一次可远行 200 千米。春天和夏天常常在岩石的裂缝下挖洞来生崽。北美白狼和北半球的狼一样成群结队，公狼和母狼成双成对。它们常常多个家族在一起生活。

北美白狼的鼻脸突出，耳朵稍短，在黑暗中，眼睛可以反射灯光或火光。而且头部和口部非常有力，可以从地上叼起一只绵羊，并将它带走。狼群狩猎时会全体出动协力合作。在找寻猎物时多排成一纵队，以 26 ～ 40 千米/小时

北美白狼全身都是白的

的速度慢慢前进。追赶猎物时，可一追数十千米，将猎物驱赶到很不好走的地方去，它们可以一直跟着猎物，直到猎物筋疲力尽时，才加以击杀。狼群如果遇到成群的猎物，就先加以追赶，当猎物中比较年老体弱或生病者渐渐落后脱队了，就猎杀这些落后的猎物。

北美白狼的食量很大，一次可吃掉相当于其体重 1/5 重量的肉。当找不到猎物时，也捕食蛇、鸟、蛙、鱼、昆虫及家畜等，几乎什么肉都吃。狼群通常有自己狩猎的领域，并有狩猎专用的通道，这些通道有时长达 100 千米。在这些通道附近，常有各种猎物出没。狼群常在这些狩猎通道上巡逻，并在各处涂上由身体所分泌的臭液或粪便，作为自己领域的标记，这些狩猎场常会一代继承一代。

夏天，狼群出猎主要是在夜间，白天炎热时休息，但是冬天食物较少，饥饿的狼群会日夜不停地猎食。北美白狼嗅到猎物，先是轻轻地缓步前进，走到近处突然冲上前去。胸肌特厚，四肢细长的犬科猎人，其猎杀特征在于残忍的追踪，它们的追踪行动，乍看之下仿佛杂乱无章，实际上，它们只付出足以击毙猎物的力气而已，绝不浪费丝毫体力。它们经常为狩猎而

成群结队，且十分合作，会维持井然有序的共同体制，一致行动。每当单一个体攻击顽敌，久久无法取胜，或将败阵下来时，它们便会集体行动，从四处涌来，合力制压猎物。

北美白狼以树洞、岩洞、草丛作为藏身和栖息的处所。

北美白狼有细而柔美的身体

在春天繁殖期，北美白狼会在狩猎场附近筑造一些巢穴。有时它们也将獾或红狐的旧巢加以改造后使用，或用树根的坑洞筑巢。筑巢多由雌狼负责，而由雄狼从旁协助。北美白狼如果在洞内筑巢，会先在内部铺些树枝，然后再铺上树叶和由母狼身上掉落的毛。

北美白狼群有巧妙而极其复杂的社会组织，群中成员间的尊卑次序，在整个结构中最受重视，而这尊卑次序在小狼时就已决定。新生一胎几只小狼，出世后刚30天，就在戏耍和打闹中推定领导的一员。这只小狼将来是否能成为狼群首领，要看狼群首领的健康情形如何，同群中雄心勃勃的小狼竞争力量如何等等。

北美白狼有一个特有象征意义的名字：贝奥图克狼。此名称显示白狼与纽芬兰岛的加拿大土著贝奥图克人之间的和谐关系。北美白狼与贝奥图克人作为狩猎伙伴和谐第生存于同一块地盘上由来已久，互无敌视，互不相干预。

在欧洲人征服新大陆的过程中，北美白狼从天然的居民变成了"贪婪的魔鬼"。

1800年英国用"现代文明"的枪炮征服纽芬兰，消灭贝奥图克人，继而开始对北美白狼下毒手，因为北美白狼总是袭击他们的家畜——这是外来文明献给"魔鬼"的礼物。

1842 年，英国以保护鹿群为由，下令悬赏捕杀和毒杀白狼，公、母、大、小狼一律格杀勿论，屠杀中很多野生动物同时遭殃，被误杀的鹿、野兔等动物不计其数。随着移民的不断涌入，

北美白狼的头部和口部非常有力

白狼被追赶得走投无路，再加上白狼分布范围广，与人的冲突是无法避免的，这样人们更加憎恨白狼，一只只白狼被枪杀，人们还用投毒的方式一次害死了上百只白狼。人们在鹿的尸体中注入马荫子茸，放在白狼可能经过的地方，这样无论是公狼母狼还是狼崽都无法逃脱厄运。这种投毒方式不仅害死了白狼，别的野生动物往往也不能幸免于难。1911 年，世界上最后一只北美白狼被枪杀。

佛罗里达黑狼

狼的皮毛有各种颜色，北半球的狼多为灰色，还有白色和黑色的。佛罗里达黑狼皮毛很短，多成红色，所以它们又称为红狼。但是其中也有一种皮毛是黑色，这就是佛罗里达黑狼。

佛罗里达黑狼生活在北美东南部的深山老林里。常常在树根，河岸等处做窝。它的体型比北半球的狼稍小，身长 1.8 米，高 0.8 米，体重约 40 千克，平常它在夜间觅食，只捕食兔、海狸、老鼠等小型哺乳动物。它在自己的势力范围内每隔一周或者是 10 天换一个地方觅食。它与北半球的狼不同的是很少成群结队，就像过去的日本狼一样，公狼与母狼共育小狼。

佛罗里达黑狼生活的森林中居住着北美的土著人，在他们的神话中，狼扮演着重要的角色。土著人在看见对方之前，在浓雾当中常常大声打着招呼，他们称第一个见到的人为蜂族。他们还用首次见到的动物给自己命名。比如熊族、鸟族，当然还有狼族。虽然阿巴拉齐山脉挡住了白人移民向南推进的脚步。1800年，他们仍渡过了密西西比河。他们强制当地人信仰基督教，谁不信教，他们就诬蔑谁，甚至杀害谁。同时他们夸张地宣扬狼专门吃小孩。佛罗里达黑狼更是成了野蛮的象征，人人得而诛之。到了1910年，因为人的缘故，狼失去了猎物，饥饿的狼开始袭击家畜。1917年有一只佛罗里达黑狼被打死

佛罗里达黑狼

了，据说这是一只小狼崽，从那以后人们再也没有看到过佛罗里达黑狼。

佛罗里达黑狼于1917年灭绝。

基奈山狼

基奈山狼仅分布于美国阿拉斯加州的基奈半岛。它是狼中体型最大的，体长1.3～2米，肩高0.9～1.1米，体重70～100千克。

基奈山狼喜欢结群生活，有时可达上百只。每群由一只健壮的成年公狼率领，捕食大多由母狼完成。它们几只或十几只一起出动围攻猎物，就连麝牛、驼鹿等大型有蹄类，在它们的围攻下也得坐以待毙。它们奔跑速度很快，可达60千米/小时，因此只要被它们发现的猎物就很难逃脱，在群

内，公狼是十分悠闲的，一般只负责照看一下幼崽。基奈山狼对环境适应能力很强，在非常饥饿时，果子、块茎和一些植物都是它们的食物。别看它们是凶恶的动物，却极有洁癖，平时十分注意保持窝内的卫生。每年 4 ~ 6 月，是母狼产崽时期，在此之前，母狼会自己找好一处新的巢穴，使幼崽出生后就有一个舒适的新家。母狼孕期 60 ~ 65 天，

基奈山狼

每胎可产 5 ~ 10 只幼崽。基奈半岛地域狭小，因此基奈山狼在没有人类大规模捕杀之前，也不是很多。16 世纪后期，英国人来到了基奈半岛，他们到来后并没因基奈山狼数量稀少而放过它们，而是将其视为邪恶的象征而进行捕杀。在人类长期逐杀之下，基奈山狼到 20 世纪初期时，只剩下不足 30 只了，在以后的十几年中，仅剩下不多的基奈山狼逐一死在了人类的枪口之下。1915 年 5 月，一只母狼在基奈半岛北部的一个山谷中被人们打死，这是最后的一只基奈山狼，因为在此之后，它的踪影也没有被发现过。

基奈山狼于 1915 年灭绝。

日本狼

日本狼曾经是生活在北半球全域的狼的一种。它肩高 35 厘米，体长 1 米，是世界上体形最小、最为稀有的一种狼。它们曾经居住在本州、四国、九州的山林中。在西方国家，人们把狼视为袭击家畜的恶魔。但是在日本，它却被人们视为追赶那些遭踏田地的鹿或熊的庄稼守护神。

阿伊努族人给狼起了一个名字叫做"在远方长声嚎叫之神"。在北部地

方长长的冬夜里，狼的嚎叫声会唤起人们心中的某种信仰。

在世界上任何地方，人们对狼总持有一种恐惧的心理，无论是什么种类的狼，在一般状态下，袭击人类的可能性是有的。

人类逐渐扩大自己的势力范围，甚至扩展到了狼的领域，所以，为了保住自己的地域，狼便成为了人类的敌人。

日本狼

在日本，流传着许多关于狼的民间故事。其中，有一个故事中讲到：有一个出外卖艺的盲人，不小心在山中迷了路。后来，他是依靠一只狼带路才回到村庄里的。

现在，在一些山区里，还有一些祭奉狼的神社。

狼被人们视为凶恶无比的动物是在日本的贵重家畜或马被它袭击以后。有时，人们怕它、猎杀它，有时又尊敬它、祭拜它，狼成为了日本的自然和文化中的一部分，阿伊努族人即使是使用毒箭射杀它们，也并没有威胁到它们的生存数量。真正迫使它们灭绝的是在明治时期以后，人类为了毛皮而进行了大规模的猎杀，还有步枪的普及。当然，最大的原因还是人类为了扩大自己的势力范围而侵犯了狼，致使狼开始袭击家畜，人们便想方设法地对它们进行捕杀，政府甚至以奖金悬赏的方式鼓励市民捕狼，据推算，生活在北海道的埃及索狼是在 1900 年左右灭绝的。

日本狼也没能幸运地存活下来。随着那时提倡的富国强兵政策，工业化，都市化，还有一些西洋犬进口所带来的犬瘟热，这些一系列的问题都逼得日本狼走投无路。日本狼的生存与文明开化是水火不容的。

1907 年，也就是明治三十八年，在奈良县的吉野郡鹫家门口，人们捕获了一只狼，这只日本狼被确认为最后一只日本狼。

在那之后，"我看到了一只日本狼"这样的事情也发生了好几次。现在，还有不少人相信在日本的山林中还生存着很少数量的日本狼。

日本狼是一种已灭绝的狼，曾经在日本大量繁衍，分布于本州、四国、九州，之后被人大量猎杀，最后在 1905 年灭绝。另一种北海道狼跟日本狼是近亲，但亦于 1889 年灭绝。

剑齿虎

物种分类： 脊索动物门→哺乳纲→食肉目→猫科→剑齿虎属。
生存年代： 于上新世晚期——更新世。
生存地点： 北美洲、南美洲、亚洲。

在距今 3500 万年前的渐新世出现了古剑齿虎，后来的剑齿虎一直生活到距今 100 万年前的更新世。它是大型猫科动物进化中的一个旁支，与进化中的人类祖先共同度过了近 300 万年的时间。剑齿虎的体型与现代虎差不多，但是它的上犬齿却比起现代虎的犬齿大得多，甚至比野猪雄兽的獠牙还要大，如同两柄倒插的短剑一般。食

剑齿虎捕猎复原图

肉类动物的犬齿作为捕食猎物的一种杀伤武器，正常的情况应该是上下犬齿平均发展，在攻击时能够上下相合，就可以咬死猎物。但是剑齿虎的上犬齿演化得如此巨大，而下犬齿又相对退化，根本不成比例，所以可能是专门用来对付象类等大型的厚皮食草类动物的。如此特殊而长大的犬齿，

只需一对就可刺入猎物身体的深处，并且可以尽量地扩大伤口，造成猎物的大量出血而死亡。与此相适应，剑齿虎的头骨和头部的某些肌肉也相应地发生变化，以便口可以张得更大，使下颌与头骨能形成 90° 以上的角度，这样才能充分有效地发挥这对剑齿的作用。但是，这种极端特化的发展，显然也有其不利的一面，即大大缩小对环境和猎物的适应面，随着更新世时期各种大型厚皮食草动物的绝灭，使得不善于快速奔跑的剑齿虎也逐渐无所用其长，竞争不过那些比较灵活的并且全面发展的一般食肉类动物，也随着它的猎物走向了灭绝。代之而兴的就是后来出现的现代虎以及其他大型食肉类动物。

剑齿虎的体型很大，其中最大的种肩高约 1.5 米，体重相当于 4 个成年男子，相当于狮子的 2 倍，虽不够高大，但它们却拥有壮实的身体，尤其是前肢。它最引人注目的地方无疑是头部——两颗长达 18 厘米的剑齿深深埋入上颌，几乎与头顶处在同一水平面上；下颌则向下伸出了巨大的护叶。这样的护叶虽有利于保护突出的剑齿，但同时也增加了骨折、感染的危险，而且还造成头部变重，一定程度上影响了行动的灵活性。

剑齿虎复原图

剑齿虎经常被误认为是长着獠牙的狮子，其实两者大不相同。剑齿虎的体重是现代狮子的 2 倍。它的后腿和尾巴非常短小，更像是一只体格健壮的灰熊。成年剑齿虎体重约 200 千克重，其犬齿最长可达 17 厘米，以大型哺乳动物为食。

在洛杉矶市区的拉布里亚农场是世界上最不寻常的化石遗址之一。这个地方虽然并不大，但却已经出土了400多万件标本，小到啮齿动物，大到长毛象。不过，拉布里亚以发掘一种特定动物——剑齿虎而闻名。目前，这里已先后复原了2000多只剑齿虎，使它成为最为人所知的史前猫科动物。

剑齿虎笨重的身躯表明，它是个孤独的伏击杀手。剑齿虎最引人注意的就是它的一对獠牙，它是如何利用它们捕杀猎物的，对此，人们却知之甚少。要想找到答案必须观察它的肌肉结构。通过比较附着在美洲豹头骨上的咬合肌，得知剑齿虎的撕咬能力相当惊人。

剑齿虎体型很大

100多万年前，一直占据统治地位的剑齿虎突然却不得不面对灭绝的危险。拉布里亚沥青坑的化石显示，那场灾难威胁到了许多物种。许多动物都和剑齿虎一样遭到了灭顶之灾。碳－14年代测定结果显示，当时刚好是上一个冰河时代末期。在漫长的10万年里，地球上的气温要比现在低5℃~10℃。但是11000年前，全球气候却开始变暖。在亚利桑那州的索诺拉沙漠，古植物学家朱利奥·贝坦科找到了有力的证据，揭示了剑齿虎统治时期的气候状况，以及导致灾难发生的巨大变化。

猫科真剑齿亚科是一些灭绝的食肉动物的统称。因上腭有一对剑形犬齿而得名。剑齿虎从渐新世一直生存到更新世末：在整个中新世和上新世栖息在北美洲和欧洲，至上新世末已扩展到亚洲和非洲，在更新世存在于南美洲。

最有名的剑齿虎是更新世斯剑虎属，剑齿最发达。它是北美和南美的一种短腿的大型猫科动物，比现代狮粗大得多。巨大的上犬齿长达20厘米，可能是用来刺击乳齿象之类的大型草食动物。斯剑虎属的下述几种身体适应性变化使人推想到可能存在这样的狩猎技能：颅骨能以附着强健的颈目肌调节以利低头动作；下犬齿退化；腭能张开到约90度角，使上犬齿能不受限制地活动。臼齿形成剪刀状，而无磨研表面的痕迹。这一属许多成员的骨头曾在加利福尼亚、洛杉矶拉布雷亚大牧场的沥青坑里找到，显然是剑齿动物捕食大型草食动物时两者同时陷入沥青。斯剑虎属的祖先 Hoplophoneus（古剑虎）属，是北美渐新世的中等大小猫科动物，身上已具备基本的剑齿特征，但还未充分发展。

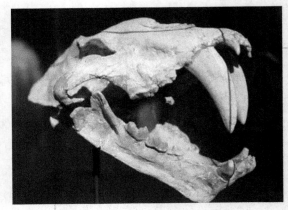

剑齿虎化石

剑齿虎的灭绝与乳齿象的灭绝紧密相关。上新世晚期欧亚大陆这种大型象形动物逐步灭绝，剑齿动物也随之灭绝了。北美和南美因为乳齿象存在于整个更新世，剑齿动物也得以继续存在到更新世末期。剑齿动物是高度特化的猫科动物，至少自渐新世以后便形成一个与现代猫科动物的进化完全不同的进化系。一些早期类型地位不明，不同权威将其分别列为真剑齿亚科、假剑齿亚科或猫亚科。其中之一，北美洲渐新世的 Dinictis（古飙）属有相当发达的剑形齿，但没有真剑齿亚科的其他特化性状。有人认为 Dinictis 属动物属于发展至猫亚科的进化系。

巴厘虎

物种分类：脊索动物门→脊椎动物亚门→哺乳纲→食肉目→猫科→豹属。

巴厘虎主要分布在印尼巴厘岛北部的热带雨林。

巴厘虎

巴厘虎是现代虎中最小的一种，体型不到北方其他虎的1/3。它的体长约2.1米，重90千克以下，生活在印尼巴厘岛北部的热带雨林里。这里水源、食物充足，成了巴厘虎的天然保护区。色彩斑斓的巴厘虎对印尼人来说是一种超自然的存在，甚至出现在传统的艺术假面具上。19世纪到20世纪初，虎在自己的生存地到处遭人袭击，而随着巴厘岛上人口的增加，人侵犯了巴厘虎的生活空间，巴厘虎对人的威胁也进一步增加，许多人就成了巴厘虎的牺牲品。

欧洲殖民者入侵来到巴厘岛后毫不留情地猎杀巴厘虎，他们的这一恶习也传给了当地的印尼人。因为虎皮能在市场上卖个好价钱，人们就肆无忌惮地猎杀巴厘虎。巴厘虎不仅皮毛吸引人，它的骨头在台湾等地也非常受喜爱，常常被用作酒和药材。在人们的欲望面前，所剩不多的巴厘虎简直不是对手。

世界上原有8种虎，现在只剩下5种，而且令人担心的是那些野生的虎能否活到21世纪中期，据记载，最后一只巴厘虎于1937年9月27日在巴厘岛西部的森林里被贪婪成性的猎人射杀。

巴厘虎于1937年灭绝。

61

第三章　灭绝的鸟类

恐　鸟

物种分类：脊索动物门→鸟纲→鸵形目→恐鸟科。

恐鸟是数种新西兰历史上生活的巨型而不能飞行的鸟。目前根据从博物馆收藏所复原的DNA，已知有10种大小差异不同的种类，包括两种身体庞大的恐鸟，其中以巨型恐鸟最大，高度可达3米，比现在的鸵鸟还要高。

小型的恐鸟则只有火鸡大小。身高平均约3米的巨型恐鸟中，最大的个体高约3.6米，体重约250千克。在300多年以前，巨型恐鸟可称得上世界第一高鸟。虽然上肢已经退化，但恐鸟的身躯肥大，下肢粗短。

从新西兰发现的恐鸟"家墓"中，古生物学家获得数以百计的恐鸟骨骼。古生物学家们通过分析它们的躯体构造，认为

恐　鸟

恐鸟复原图

恐鸟主要吃植物的叶、种子和果实。它们的砂囊里可能有重达 3 千克的石粒帮助磨碎食物。巨型恐鸟栖息于丛林中，每次繁殖只产一枚卵，卵可长达 250 毫米，宽达 180 毫米，像特大号的鸵鸟蛋。但它们不造巢，只是把卵产在地面的凹处。这种鸟是怎样到达新西兰的，人们目前还没有一致的看法。更为有趣的是，恐鸟的羽毛类型，骨骼结构等幼年时的特点直到成鸟还依然存在，古生物学家认为这是一类"持久性幼雏"的鸟。

恐鸟是"一夫一妻"制，它们可以共同生活终生，或者在其中一只死去，幸存者才去另寻配偶。它们以夫妻为单位终年栖息在新西兰南部岛屿的原始低地和海岸边林区草地里，以浆果、草籽和根茎为食，有时也采食一些昆虫。由于恐鸟身体庞大，需要大量的食物，因此每对恐鸟都有着自己大片的领地。由于恐鸟生活区域人烟稀少，食物充足，并且没有天敌，只有少数土著人猎杀恐鸟为食，但土著人的原始狩猎方式并没有给恐鸟群体以致命打击。因此，直到 18 世纪初，仍有许多恐鸟在这里安逸地繁衍生息着。

恐鸟一般被认为在约 1500 年代开始逐渐绝种，虽然有一些报告推测仍然有恐鸟生存在新西兰某个偏僻的角落直到 18 甚至 19 世纪。

虽然一些人认为恐鸟的数量在人类到达前便已经开始减少，不过恐鸟的绝种目前主要还是认为跟毛利人的波利尼西亚祖先的猎捕和开垦森林有关。在人类抵达之前，恐鸟的主要猎食者是哈斯特鹰，世界最大的老鹰之一，现在也绝种了。奇异鸟一度被认为是恐鸟最接近的近缘种，不过在经过 DNA 的比较后，发现其实恐鸟与澳大利亚的鸸鹋和食火鸡比较接近。

人们对恐龙的灭绝相当熟悉，也相当关心，而对于同样已经灭绝，也同样与"巨"字联在一起的被老鹰追捕的恐鸟似乎很陌生。恐鸟是一种很早以前生活在新西兰的一种无翼大鸟，过去人们一直认为，这种人类已知的最大的鸟的灭绝是因为人类滥杀的结果，但科学家现在发现，这种鸟灭绝，责任并不全在人类身上。

恐鸟的故事通常像是一个传说一样展开。从前，这种像鸵鸟一样

恐鸟化石

的大鸟幸福地生活在一片飘着白云的土地上，毛利人把这块土地叫做"奥蒂罗亚"，也就是现在的新西兰。大约 700 多年前，一个有重大影响的日子来临了，首批人类来到那里。他们是波利尼西亚人，据说他们是乘着独木舟从夏威夷而来，发现新西兰岛上有一种无翅的鸟很容易捕杀，可为他们提供营养丰富的食物。这种鸟就是恐鸟。成年恐鸟高达 3.5 米，重达 250 千克，肉多而鲜美。在几个世纪之内，毛利人就把这些不幸的长有羽毛的庞

64

然大物捕杀光了。

就像渡渡鸟一样，恐鸟从此成为人类贪欲的象征，或者用现代的说法就是成为不能持续发展的一个突出例子。可是事实果然如此吗？科学家通过分子探测对这一说法提出了很大的疑问，那就是毛利人是否应该为这个灾难性的后果受到如此的责备？

恐鸟——来自地狱的鸵鸟

其实，在人类到达新西兰之前，恐鸟的数量就已经开始急剧下降，即使在人类投出第一个矛之前恐鸟也早就是当地的一个弱势群体，非常容易受到外部袭击。恐鸟有 10 个种类，最大的一种是迪诺尼斯恐鸟。新西兰坎特伯雷大学的生物学家尼尔·吉梅尔领导的生物学家小组从保存的这种最大的恐鸟骨头中提取了 DNA，然后以突变为基础通过计算机模型获取 DNA 序列，作为种群混合的结果，突变现象发生在每一代身上。通过检查这些小的基因转变，科学家可以将分子钟倒转，看一看一个物种是如何进化的，而且他们还可以推断出这个种群的数量：数量越大，遗传的变化也就越广泛。

经过细致研究了恐鸟的数据后，吉梅尔的研究小组推断出这种鸟的数量，他们称这个数量"低到了警戒水平"。1000 年前，在新西兰生活着数百万计的迪诺尼斯恐鸟。研究人员说，加上其他 9 种恐鸟，在 1000～6000 年前这段时间里，新西兰北部和南部的岛屿上生活着 300 万～1200 万只恐鸟。人类约于 1280 年首次到达那里时，恐鸟数量已经不足 15.9 万只了。

在人类到来之前，恐鸟的数量为什么会下降得如此厉害？吉梅尔提出了几个新奇的理论，其中一个理论就是由于火山爆发导致恐鸟数量下降。他认为不是气候变化导致恐鸟数量下降，因为这个观点没有令人信服的证据。在新西兰北部岛屿中心的陶波湖周围，火山经常爆发，一而再再而三地毁坏当地恐鸟的生活区。

不过，有一个更有说服力的解释是，恐鸟数量急剧下降是疾病流行所致，比如禽流感、沙门氏菌或者肺结核等病的传播，这些疾病是由候鸟从澳大利亚和其他地方带到那里的。当然，如果人类没有到达那个地方的话，恐鸟的数量是能够反弹的，由于人类的到来破坏了它们的生活环境，对恐鸟进行猎杀，使它们的数量进一步下降。

吉梅尔他们的研究成果发表在英国科学院出版的一份学术刊物上。研究报告称，恐鸟灭绝的原因是复杂的，随着时间的流逝而被掩埋。文章说："如果我们对恐鸟数量的新的估计是正确的话，那么，我们需要重新考虑在人类到来前影响恐鸟数量的因素，也许我们通过总结过去的教训可以更好地洞察和解决现代环境保护方面的问题。"

恐鸟曾是新西兰众多鸟类中最大的一种，平均身高有 3 米，比现在的鸵鸟还要高。恐鸟除了腹部是黄色羽毛之外，其他全部是黄黑色相间。虽然恐鸟的上肢和鸵鸟一样已经退化，但它的身躯肥大，下肢粗短，因此奔跑能力远不及鸵鸟。恐鸟与鸵鸟的最大区别是：它的脖子有羽毛覆盖，而鸵鸟的脖子是秃裸的，并且比恐鸟的脖子要长；它是 3 根脚趾，而鸵鸟是 2 根脚趾。

18 世纪中期，欧洲移民来到岛上，给恐鸟带来了厄运。恐鸟肉对于欧洲移民来说是美味佳肴。由于恐鸟不知道躲藏，欧洲人很容易捕捉到它们，经常一下子就能捕杀十几只，恐鸟肉一时成了这些欧洲移民的一项重要的肉食来源。同时，由于欧洲移民的到来以及当地土著人的不断增加，开始了大面积烧荒、垦荒，恐鸟的

人类猎杀和环境恶化是恐鸟灭绝主因

生存地也遭到了彻底破坏，恐鸟因失去立足之地而大量饿死。同时，由于恐鸟破坏庄稼，他们为了保护庄稼大量捕杀恐鸟，与欧洲人一起来到岛上的家犬和家鼠也成了恐鸟的天敌。它们同样给恐鸟以致命打击。

到了18世纪后期，恐鸟的数量已经很少了，

恐鸟身体庞大，需要大量的食物

67

人们捕捉恐鸟也越来越难了，而1800年则是人们能捕捉到恐鸟的最后一年。

恐鸟的灭绝，人类肯定难辞其咎。但把这笔账全算在人类头上，恐怕也有失公允。恐鸟的迅速消失，原因比较复杂。

科学家对恐鸟数量动态变化的模拟实验表明，当时成年恐鸟的死亡率很高，而出生率很低。死亡率高可能与天敌（人类是主角）对这种缺乏自卫能力的动物的大肆捕杀有关。自然灾害（如火山爆发）也有一定的责任。

至于出生率低则可以作如下解释：巨大的动物繁殖率都很低，而与此相对应的是寿命却很长（小动物如老鼠、昆虫之辈，繁殖率很高，但却是"短命鬼"）。在地域和食物均十分有限的海岛上，在没有天敌相制约的情况下，过高的繁殖率对像恐鸟这样巨大动物的生存而言是非常不利的。恐鸟的基因里必定有一种限制"人口膨胀"的机制在发挥作用，否则它们早就因繁殖得过多，吃光岛上可食的植物而自我毁灭了。据说恐鸟一次只生一个蛋。

但当年若无外敌入侵，恐鸟的低繁殖率恐怕是不会构成灭种的危机的。

渡 渡 鸟

物种分类：脊索动物门→脊椎动物亚门→鸟纲→今鸟亚纲→今颚总目→鸽形目→鸠鸽科。

渡渡鸟是一种不会飞的鸟，仅产于非洲的岛国毛里求斯。肥大的体型总是使它步履蹒跚，再加上一张大大的嘴巴，使它的样子显得有些丑陋。幸好岛上没有它们的天敌，因此，它们安逸地在树林中建窝孵卵，繁殖后代。

渡渡鸟是一种很大的鸟，以至于可能你都不信它是鸟类。因为它不会飞。它是鸠鸽科家族中的一种。欧洲的水手在 1507 年毛里求斯岛上发现了这种鸟。

渡渡鸟产于非洲的岛国毛里求斯。

当水手们谈论到这种不会飞的奇怪的鸟，你可以想象人们很难相信他们的故事。在毛里求斯岛上面定居的欧洲人和他们养的猪很快发现这种鸟吃起来很香。所以就有很多的渡渡鸟被吃掉了。截至 1681 年，再也没有在那个岛上发现活着的渡渡鸟了。为数不多的渡渡鸟在 17 世纪被带到了英国，但 200 多年来，没有人看见活的渡渡鸟。这就是那个成语"像渡渡鸟一样销声匿迹了"的来历。因为它们完全灭绝了，从此也为众人所知了。

16 世纪后期，带着

渡渡鸟

68

来复枪和猎犬的欧洲人来到了毛里求斯。不会飞又跑不快的渡渡鸟厄运降临。欧洲人来到岛上后，渡渡鸟就成了他们主要的食物来源。从这以后，枪打狗咬，鸟飞蛋打，大量的渡渡鸟被捕杀，就连幼鸟和蛋也不能幸免。开始时，欧洲人每天可以捕杀到几千只到上万只渡渡鸟，可是由于过度的捕杀，很快他们每天捕杀的数量越来越少，有时每天只能打到几只了。

渡渡鸟肥大的体型总是使它步履蹒跚

1681 年，最后一只渡渡鸟被残忍地杀害了。从此，地球上再也见不到渡渡鸟了，除非是在博物馆的标本室和画家的图画中。

奇怪的是，渡渡鸟灭绝后，与渡渡鸟一样是毛里求斯特产的一种珍贵的树木——大颅榄树也渐渐稀少，似乎患上了不孕症。本来渡渡鸟是喜欢在大颅榄树的林中生活，在渡渡鸟经过的地方，大颅榄树总是繁茂，幼苗苗壮。到了 20 世纪 80 年代，毛里求斯只剩下 13 株大颅榄树，这种名贵的树眼看也要从地球上消失了。

大颅榄树的状况使科学家们深感焦虑，抢救大颅榄树成了一个紧张的课题。科学家们通过种种实验与推想分析，可是几年过去了，没有任何进展。1981 年，美国生态学家坦普尔也来到毛里求斯研究这种树木，这一年正好是渡渡鸟灭绝 300 周年。坦普尔细心地测定了大颅榄树的年轮后发现，它的树龄正好是 300 年，就是说，渡渡鸟灭绝之日也正是大颅榄树绝育之时。

坦普尔通过细致的发现，在渡渡鸟的遗骸中有几颗大颅榄树的果实，原来渡渡鸟喜欢吃这种树木的果实。最后坦普尔推断出，大颅榄树的果实被渡渡鸟吃下去后，果实被消化掉了，种子外边的硬壳也消化掉，这样种子排出体外才能够发芽。最后科学家让吐绶鸡来吃下大颅榄树的果实，以取代渡渡鸟，从此，这种树木终于绝处逢生。渡渡鸟与大颅榄树相依为命，鸟以果实为食，树以鸟来生根发芽，它们一损俱损，一荣俱荣。

渡渡鸟与大颅榄树相依为命

渡渡鸟是西方进入工业社会后，有史记载中第一种被灭绝的动物。渡渡鸟灭绝以后，在西方就流传了一句谚语，叫"逝者如渡渡"，这句话的意思就是当一种东西消逝的时候，感觉就像渡渡鸟被灭绝了一样悲凉。

渡渡鸟于1681年灭绝。

旅 行 鸽

从表面上看，它和普通的鸽子非常相似。不过，它的后背是灰色的，似乎还有些发蓝，而胸前的颜色又是鲜红色的。所以，它看上去是那么地绚丽多姿。它和一般的鸽子不一样，叫声高昂响亮。它的另外一个特点就是数量繁多，是地球上数目最多的鸟类。

旅行鸽那庞大的队伍一面发出巨大而又不和谐的叫声，一面飞过北美森林的上空。这个时候，鸟群遮住阳光，地面上一片阴暗。这种影像，如果被称做是鸟群，还真不如被称为"龙卷风"恰当。

有时，鸟群队伍长15千米，宽达2千米。奥迪波曾经说过他所亲眼目睹的一个鸟群，数量足有2亿只。

旅行鸽，象征着美国的繁荣。并不光是因为它的数量繁多，旅行鸽食用起来味道鲜美是改变它命运的主要原因。

旅行鸽

对于那些美国初期的移民来说，在这片大地上，所有资源都是丰富而又用之不竭的。无限延伸的地平线，可开垦的土地无穷无尽，地图上找不到的地域瞬间变成了繁华的街道。在广阔的土地上，有了新的交通手段。这时，大自然的象征物就是旅行鸽。

即使用棍棒向天空挥动几下，就能打掉好几只鸟儿，这曾经都是事实。当然，用猎枪捕杀几百只甚至几千只旅行鸽更是不在话下了。

那时，每天都有数百万只旅行鸽被火车送到大城市。直到1860年为止，随着人们对森林的大面积开垦和狩猎的普遍进行，谁也没有注意到旅行鸽的数目在逐渐减少。在狩猎竞赛中，一个猎人会击落几万只旅行鸽。到了1880年左右，成群的旅行鸽只能在密歇根州看到了。

即使大家都知道这种情况，但是密歇根州的猎人每年还是向市场提供300万只旅行鸽！

最后一只野生的旅行鸽被击落是在1900年。

1909年，曾经有着铺天盖地般数目的旅行鸽只剩下最后3只了，它们被喂养在新西纳提动物园中。

现在，我们明白了一点就是，旅行鸽原本是有一定数量的，当它们的数量减少后，再想让它们重新回到原来的数量，那是不可能的！

从旅行鸽铺天盖地的时代开始，到短短的 50 年以后的今天，我们再也听不到它那响亮的叫声了。

动物园最后的那只旅行鸽是一只雌性鸽，被人们起了个名字叫做玛莎。玛莎是于 1914 年 9 月 1 日死去的。它死亡的当日，美国所有的新闻电台都报道了这一死讯。

旅行鸽叫声高昂洪亮

旅行鸽从铺天盖地到无，只有短短 50 年时间。而在 20 世纪，竟有数以百计的动物物种，从地球上永远地消失了。

瓜达鲁贝美洲大鹰

瓜达鲁贝美洲鹰是鹰的同类，又有些像隼。它的外型要比鹰大得多，就是这一点引发了悲剧。

在猛禽类动物中，从小型的鹰到大型的鹰、秃鹰有许许多多的种类。瓜达鲁贝美洲大鹰是隼和鹰的同类，一眼看上去，它比鹰小一些，有着优美的外形，它保留着原始鹰的外表。它生活在墨西哥的领土，加利福尼亚半岛的边际——瓜达鲁贝岛。这里有着溶岩形成的陡峭的山崖和茂密的灌木及松林，由理想的植物层形成。

瓜达鲁贝美洲大鹰保留着祖先的巨大身材，是一种独一无二的鹰类。因为在岛上没有天敌，它们几乎没有进化。它有着鹰一样宽大的翅膀，飞翔的姿势也和大型的猛禽类一样，所以，在当地，人们管它叫做"瓜达鲁贝大鹰"。

瓜达鲁贝美洲大鹰一般吃虫、小鸟或是动物卵体。然而，因为它的外形像鹰，所以被人们视为仇敌。

1700 年，人们开始放牧山羊。放羊的牧童们都误认为瓜达鲁贝大鹰像鸢那样袭击了山羊群。他们认为白色耀眼的山羊群从空中看来是显眼的目标。人们开始想尽一切办法对付美洲大鹰，从猎枪到毒饵，人们想把美洲大鹰全部消灭掉。

1860 年，美洲大鹰面临灭绝的危险，而同时新的攻击又开始了。

瓜达鲁贝美洲大鹰

鸟类学家们知道美洲大鹰的数目越来越少，于是就花重金想得到美洲大鹰。1897 年，一只美洲大鹰值 100 美元，相当于当时美国人三个月的工资。同一年，瓜达鲁贝岛的渔民卖出了一只美洲大鹰。他声称这只鹰是岛上的最后一只，于是要价 150 美元。买者没有同意，他便把鹰的羽毛拔下，愤怒地投向大海。这样，零七八碎的尸首被复制，再生了。但是在两周后放置复制品的店铺发生了火灾，一切全化为了灰。1900 年，地球上仅存最后一群美洲大鹰了。目击鹰群的人是一位男性收藏家，他这样说道："1900 年 12 月 1 日下午，一群美洲大鹰向这边飞来。11 只中，有 9 只被留了下来！"留下来是指被击落下来。另外两只美洲大鹰的命运如何，谁也不知道。从此以后，没有任何人再次看到过美洲大鹰的踪影了。

卡罗拉依那鹦哥

卡罗拉依那鹦哥是生活在广阔的北美洲中唯一的鹦哥。和现在的鹦哥一样，它们喜爱玩耍，活泼、快活，还很会说话。

卡罗拉依那鹦哥

它们在大树的洞中建巢，成群地生活在美国东部的落叶树林地带。卡罗拉依那鹦哥会站在森林的树梢上，唱上整整一天。

贯穿美国东部南北方向的阿巴拉契亚山脉和两侧是鹦哥的领土。卡罗拉依那鹦哥因生活在山脉的东西两部，所以分成为两个亚种。它们有着橙红色或黄色的头部，还有长长的尾和绿色的翅膀。在当地，树木的果实是它们的食物。然而，从欧洲来到这里的移民开垦了森林，随之事情也发生了变化。鹦哥们逐渐开始采食果物以及农作物。对于移民们来说，鹦哥成为他们的大敌。鹦哥不光把果物整个吃掉，有时还会剥掉果皮，或有意把果子弄到地上，三只鹦哥毁掉一棵树毫不费力。人们一旦见到鹦哥就会毫不犹豫地举起枪射死它们。到了19世纪末，卡罗拉依那鹦哥成为了人们举行的猎射比赛的对象或食物。美丽的羽毛也被用来装饰帽子，在欧洲市场或美国供不应求。

那时，饲养美丽的鸟儿也成为一种时尚。爱说、爱玩的美国产鹦哥更加受到了人们的好评。而且，随着大面积的森林被开垦，落叶树木越来越少，也成为鹦哥灭绝的决定性因素。

1904 年，最后一只野生鹦哥被人们击落了。

新西那提动物园于 1886 年开始想要通过某种办法使卡罗拉依那鹦哥的数量增加，却没有成功。1917 年，被人工保护起来的卡罗拉依那鹦哥的数量仅剩下 2 只了。雌性鹦哥是于 1917 年死亡的，雄性鹦哥也于第二年死去。最后的这只雄性鹦哥被人们亲切叫做"因卡斯"。

岛 鹃

岛鹃属地栖鸟类，产于马达加斯加。体长 45~60 厘米，尾长，飞行力弱。羽色不鲜艳，常为淡蓝或淡灰色。除昆虫外，亦以果实为食。

岛鹃又名食蜗牛马岛鹃，是一种已灭绝的岛鹃。它们最早于 19 世纪初被发现，但很短时间后就已经消失。所有标本都是在马达加斯加的布哈拉岛发现，但在非托峰、玛罗安资塔及图阿马西纳亦有指见到它们。就如其俗名，它们喜欢吃蜗牛。

现时共存有 14 个德拉氏马岛鹃的标本，除了 2 个外，其余的都是于 1827~1834 年由 Chevalier J. A. Bernier 所采集。存放在巴黎国立自然历史博物馆的模式标本是在此期间前采集，而另一个则是于 1850 年采集的。它们是现今世界上第二大的岛鹃。它们可能只生活于布哈拉岛岸边的雨林，但因 19 世纪的伐林而大大影响它们。入侵的黑鼠会与它们争夺食物，而入侵的猫亦会掠食它们，加剧了它们的衰落。

岛 鹃

1920 年，有指在大陆上会有人不时猎杀德拉氏马岛鹃来采集其羽毛，但这可能是指蓝马岛鹃。1932 年，曾有商人在安塔那那利佛高价求售德拉氏马岛鹃的标本，但最终不果。德拉氏马岛鹃的颜色独特，可能只是在岛内演化而来。

琉球银斑黑鸽

琉球银斑黑鸽，或称银斑黑鸽或琉球林鸽，是日本冲绳群岛一种已灭绝的鸽。它们曾在伊平屋岛、伊计岛、冲绳本岛、座间味岛、北大东岛及南大东岛出现。

琉球银斑黑鸽容易受栖息地的变迁影响。它们的生活需要大量未开发的亚热带森林。不过，如伊江岛等地方就已大量开发为居住及农业用途。它们最近于 1904 年在冲绳群岛出现，1936 年后从东岛消

琉球银斑黑鸽

失。虽相信它们可能仍在外围的小岛上生存，但却未能确定。

理论上，在冲绳群岛的山区仍有适合琉球银斑黑鸽生活的地方。最令人不解的是在庆良间群岛的渡嘉敷岛，当地大部分地方仍未开发，但却从来没有发现琉球银斑黑鸽。座间味岛是琉球银斑黑鸽曾出没，离冲绳群岛最远的及最细小的岛屿。

留尼汪椋鸟

留尼汪椋鸟是一种已灭绝的椋鸟。它是于 1669 年发现，并由荷兰自然学家 Pieter Boddaert 所描述。它的头上有一个灰冠，长 30 厘米；双翼呈灰褐色，展开达 4.7 厘米；尾巴长 11.4 厘米，呈红褐色；脚呈黄色，踝骨长约 3.9 厘米，趾甲弯曲；头、颈及腹部都呈白色。它们是两性异形的，雄鸟的喙长 4 厘米及呈浅黄色，稍微向下弯曲；雌鸟的喙较细小及笔直。雄鸟的冠向前，而雌鸟的冠向后。由于它们有冠及喙的形状，一直以来科学家都将它们看成戴胜的亲属。最初它被命名为 Hupupa varia，但后来勒内－普里梅韦勒·莱松于 1831 年将它分类在自己独立的属中。后来于 1874 年根据其骨骼的分析而将它分类在椋鸟科中。

留尼汪椋鸟

留尼汪椋鸟是留尼汪的"原住民"。它们生活在潮湿的沼泽森林及海岸山区树林中，主要吃昆虫、农作物及水果。有关示爱、筑巢、妊娠期等繁殖资料则不明。

留尼汪椋鸟的减少可以在 19 世纪自然学家的信中见到。它们灭绝的原因是大家鼠的入侵，而引入家八哥来对付蝗虫亦令它们大量减少。由于它们吃咖啡果及肉质鲜美，故亦被人类所猎杀。最后的留尼汪椋鸟是于 1837 年被猎杀的。自 1848 年起，森林的破坏造成栖息地的减少。有指于 1868 年有人曾看见它们的踪迹，但这却不能证实。直至 2006 年，现存共有 19 个留尼汪椋鸟的标本。

粉头鸭

粉头鸭是一种大型的潜水鸭。系统发生学研究发现它们是赤嘴潜鸭的近亲，但目前这研究并未被广泛接受，因此仍分类为狭嘴潜鸭属内。目前有关其分类、地位等仍然备受争议。

粉头鸭

粉头鸭长 60 厘米，有长的身体及颈部。雄鸭的身体呈巧克力色，颈部及头部都呈深粉红色。雌鸭及幼鸭则呈较深色，仿佛一只头上染了粉红色的雌性赤嘴潜鸭。由于赤嘴潜鸭的头部呈红色，这很易令人误会粉头鸭就是赤嘴潜鸭。另外，斑嘴鸭飞行时亦很像雌性的粉头鸭，从后面看更会以为是一头雄性粉头鸭。

粉头鸭生活在长草森林的低沼地及池中。它们的巢是以草造成。它们是群居的，每群约有 30 只或以上的粉头鸭。它们主要吃水中植物。

粉头鸭以往分布在东印度、孟加拉国及北缅甸，但现时很有可能已经灭绝。它们非常罕有，对上一次于 1935 年被观察到，1960 年代有几次被视察到的报告均未证实。1988 年，有指在雅鲁藏布江发现粉头鸭的踪迹，但却不足以将它们从灭绝的行列上除名。以往亦有报告指在迈立开江及亲敦江发现粉头鸭，但却未被证实。另外，在胡冈谷的研究指粉头鸭仍然生存在克钦邦，但在克甘马因附近却找不到它们。

粉头鸭的消失可能是因栖息地的破坏。它们长久以来都很罕有的原因不明，但相信其栖息地经常有猎人出没。粉头鸭很多时被捕猎为观赏鸟，但不怎么美味。最近的标本是于1935年被猎杀的，并存放于印度南部金奈的博物馆内。另外，一批粉头鸭曾于加尔各答被饲养及存活至1945年，但不知为何没有繁殖下来。

粉头鸭生活在森林的低沼地及池中

白臀蜜鸟

夏威夷产的管舌鸟科鸣禽，常见于较大的岛屿。它吸蜜为生，尤喜麻六甲蒲桃花蜜；体长约13厘米；身红色，翅和尾暗色，臀部白色；喙短，稍曲；主要生活在山林中。

白臀蜜鸟灭绝于1925年。

白臀蜜鸟

乐园鹦鹉

物种分类：鸟纲→鹦形目→鹦鹉科。

乐园鹦鹉因行动迅速敏捷而得名，饲养照顾上较一般草科鹦鹉来得容易，生命力也较强韧，叫声清脆不嘈杂，是十分活泼的种类，且价位也不高，是除了一般澳洲长尾鹦鹉外不错的选择。母鸟的羽色较公鸟深，呈暗色，面部的红色也较稀疏。体长为25厘米。

乐园鹦鹉

乐园鹦鹉分布在澳洲东南部，即维多利亚与新南威尔斯东南部，以及塔斯马尼亚岛及贝斯海峡上的弗里克斯群岛。

由于所居住的森林遭到严重的开发，捕捉贩售一直没间断，加上在塔斯马尼亚岛的族群常因食用农作物而遭农民捕杀，虽然有当地政府的法律保护，乐园鹦鹉的数量已日渐稀少，也是澳洲珍稀的鹦鹉种类之一。乐园鹦鹉有迁徙的习惯，常往返澳洲本土与塔斯马尼亚岛之间，通常会在冬天时迁徙至澳洲东南部过冬，且主要集中在维多利亚中部与南部；栖息在森林、尤佳利树林、镇上、草地及有花木的开阔地区，常敏捷快速地活跃在枝头间，主要在树木的顶端枝头间活动，经常以身体倒挂的方式吸食花蜜，只有在喝水时才会到地面上，它们许多的饮食习惯都很类似于吸蜜鹦鹉，连刷舌状的构造都一样，可以如吸蜜鹦鹉般地吸食花蜜，昆虫、水果、浆果、种子及许多植物都是它们的主要的食物。

乐园鹦鹉灭绝于 1927 年。

小笠原杂色林鸽

小笠原杂色林鸽，又名小笠原林鸽，是日本小笠原群岛中媒岛及父岛上特有的鸽。它们只有 4 个标本，由 1827～1889 年间采集的。它们平均长 45 厘米。它们最终于 19 世纪因伐林、被猎杀及被入侵的大家鼠和猫掠食而灭绝。

小笠原杂色林鸽灭绝于 1889 年。

新不列颠紫水鸡

新不列颠紫水鸡是澳大利亚豪勋爵岛特有的一种秧鸡。它们像紫水鸡，但身体较短且双脚较顿。它们的身体呈白色，有时会有一些蓝色的杂色。它们可能不会飞。另外有身体是完全蓝色的形态，但不肯定是否属于此物种或是紫水鸡。现存的两个标本的羽毛都是白色的。

小笠原杂色林鸽

新不列颠紫水鸡主要生活在新西兰南部岛屿的一部分地区，是水鸡类最漂亮的一种。新不列颠紫水鸡长 0.47 米，高 0.6 米左右，体重 1.5 ~ 2 千克。雄性全身覆盖着漂亮的紫色羽毛，嘴和头的顶部及腿为朱红色。雌性和雄性的颜色截然不同，全身为灰褐色。它们的腿又细又长，其中腿高占身高的 1/2 以上，非常适于水草上行走。

这种紫水鸡嘴粗壮，短而侧扁；鼻沟浅而宽，鼻孔小而圆，在鼻沟前部下方，额甲宽大，后缘呈截形。翅圆形，第 2 枚、第 3 枚和第 4 枚初级飞羽最长，并几乎等长；第 1 枚和第 6 枚或第 7 枚初级飞羽等长。跗蹠和趾都长而有力，能用脚趾抓住和操纵食物，两性同型。

新不列颠紫水鸡首先是于 1790

新不列颠紫水鸡

年描述。当时它们已经很稀少，但却被猎杀至灭绝。现时有 2 个新不列颠紫水鸡的标本，分别存放在利物浦及维也纳。另外亦有一些图画及亚化石骨头。

新不列颠紫水鸡于 1834 年灭绝。

所罗门冕鸽

物种分类： 脊索动物门→鸟纲→鸽形目→鸠鸽科。

所罗门冕鸽被怀疑是一种已灭绝的鸽，生活在太平洋的所罗门群岛。它们最初是由罗思柴尔德于 1904 年描述。

所罗门冕鸽

所罗门冕鸽是世界上最著名的鸽之一。它们长约 30 厘米，大小如鸡。头上有深蓝色的冠，前额及面部呈黑色，头部其他部分散布一些红色的羽毛。翕及胸部呈深蓝色，背部下方呈褐色。

所罗门冕鸽的双翼及臀部呈橄榄褐色，尾巴呈深褐色及带有紫色，腹部呈栗褐色，喙的上面呈黑色、下面呈红色，双脚呈紫红色。雄性与雌性之间是否有分别则不明。

所罗门冕鸽在 1904 年被发现，当时有人射杀了 6 只所罗门冕鸽，并交与位于特灵的沃尔特·罗思柴尔德动物学博物馆。另外亦采集了一只所罗门冕鸽的蛋。

罗思柴尔德将 5 个所罗门冕鸽的毛皮售与纽约的美国自然历史博物馆。

于 1927 年及 1929 年的旅程中没有再发现标本，估计它们是被人类猎杀及被猫与狗掠食而灭绝。

兼嘴垂耳鸦

兼嘴垂耳鸦，又名北岛垂耳鸦，是一种产于新西兰的特有鸟，已经绝灭，人类最后一次观察到此鸟，是 1907 年 12 月 28 日著名的鸟类研究学者博物学家史密斯观察到的 3 只兼嘴垂耳鸦。其绝灭的准确原因仍不十分明晰，但很可能是由于栖息地的减少及伴随人类的捕杀和种群的疾病。在兼嘴垂耳鸦灭绝之前，已经有西方学家对其进行过少量的研究。

兼嘴垂耳鸦的两翼呈蓝黑的，颌骨和下颚之间的肉坠呈亮橙色，尾羽末端呈白色，全身羽毛呈黑色。

兼嘴垂耳鸦最大的特点是雌雄个体的喙构造有根本不同，这在已知鸟类中是独一无二的。雄鸟的喙短而直，而雌鸟的喙长而弯，这是很显著的两性异形。

兼嘴垂耳鸦

兼嘴垂耳鸦的飞行能力较差，主要依赖行走。通常是边走边发出尖叫，以确保其他同类伙伴能够跟上。1909 年，一个垂耳鸦研究小组记录了人类模仿垂耳鸦的叫声。这种鸟类在当地语言的名称，很可能也源自它的叫声。

兼嘴垂耳鸦的亚化石标本曾经在新西兰北岛发现，但是有文字记载的该鸟活体发现，仅有欧洲殖民者记录的该岛以外南部地区的发现，主要集中在里姆塔卡山脉。此外，在怀塔克雷山脉许多发现该鸟的地区，经常以其名称命名。

兼嘴垂耳鸦：雌鸟(后)和雄鸟(前)

兼嘴垂耳鸦标本，收藏于威斯巴登博物馆。包括沃尔特·布勒在内的少数几位自然学家曾提出，这种鸟类在欧洲殖民者到达之前已经灭亡。但多数观点，包括较为权威的世界自然保护联盟发布的濒危物种红色名录中，也明确兼嘴垂耳鸦绝灭于1907年，即意味着殖民者到来之后。

新西兰当地土著毛利人的首领喜欢佩戴垂耳鸦带有白边的黑色尾翎，用以显示自己的地位，毛利人也将其视为宝贵的财富。在殖民者进入后，这种羽毛后来成为新西兰白人女性象征社会地位的饰物。因此，垂耳鸦长期受到捕捉。

兼嘴垂耳鸦的逃生能力较差，只要模仿它们的叫声，将它们吸引至附近，便很容易将其捕获。1888年，一支由11名当地毛利人组成的队伍，曾在玛纳瓦图峡谷和阿基修之间的森林中获得了646张垂耳鸦的外皮。1892年2月，当地政府下令禁止逮捕垂耳鸦，但是禁令的执行并不认真，大量的垂耳鸦仍继续遭到捕杀。1901年，英国当时的约克公爵，即后来的乔治五世到访新西兰，在他戴过一顶兼嘴垂耳鸦尾翎做成的帽子之后，一时间，整个社会狂热地推崇兼嘴垂耳鸦的羽毛，甚至一根羽毛曾达到1英镑的价格。当时的新西兰总督兰夫利伯爵五世曾尝试针对兼嘴垂耳鸦进行更严格的法律保护，但还没有具体实施，兼嘴垂耳鸦便已经灭绝了。最后一次可信的发现在 1907 年 12 月 28 日，此后没有多久，这个物种就被宣告绝灭。

此后，有熟悉此种鸟的人曾报告 1922 年 12 月 28 日，在新西兰惠灵顿约克湾伊斯特本小镇后面的高兰山谷中发现过兼嘴垂耳鸦。而此前，也已经有报告显示该地区曾多次发现此鸟，这片区域长有大量山毛榉和罗汉松科的树木，是兼嘴垂耳鸦理想的生活环境，但遗憾的是，惠灵顿博物馆派出自然学家对该地区进行考查，却未发现任何线索。

卡卡啄羊鹦鹉

卡卡啄羊鹦鹉

卡卡鹦鹉是啄羊鹦鹉的表亲，也是鹦鹉家族中的成员之一。它们的外表和啄羊鹦鹉非常相似，有着弯曲的鸟喙和暗淡的羽色，由于外型并不讨喜，因此在宠物市场和繁殖界鲜少见到它们的踪迹。由于它们体型硕大，动作并不灵活，加上对人类戒心不强，因此一直以来都是毛利人最重要的食物来源。

卡卡啄羊鹦鹉终日在森林和花丛中寻食果实、种子和花蜜，但有时也会袭击羊的幼崽，因此有"杀羊者"之称，而实际上仅有部分个体惯于袭击幼羊。当地的土著人并没有对卡卡啄羊鹦鹉施以报复，有时还会把剩余的羊肉抛弃给它们，就这样，卡卡啄羊鹦鹉一直在这里与土著人和平相处着。19 世纪初，欧洲移民的到来彻底打破了卡卡啄羊鹦鹉宁静的生活，短短几十年间，1/2 以上的森林被砍伐，大批的卡卡啄羊鹦鹉因饥寒交迫而丧生。剩下来的卡卡啄羊鹦鹉因食物短缺不得不去偷食庄稼地中的粮食并袭击幼羊，于是移民把猎枪对准了它们，人们还把毒药放在羊肉上投给它们，一次就能毒死几百只卡卡啄羊鹦鹉。到了19世纪40年代末，人们已难寻其踪了。

卡卡啄羊鹦鹉于1851年灭绝。

斑翅秧鸡

斑翅秧鸡是一种涉禽。嘴峰与跗骨等长，或者较长。体形略似小鸡，但嘴、腿和趾均细长，适于涉水。体

卡卡啄羊鹦鹉惯于袭击幼羊

羽松软，前额羽毛较硬。身体部分基本由两种颜色组成：背部和翅膀为褐色；自脸颊向下颈、胸部、下腹均为青灰色；嘴黄色；它的嘴长度适中，直而侧扁稍弯曲，嘴长等于或长于跗跖；鼻孔呈缝状，位于鼻沟内；翅短，向后不超过尾长，第2枚初级飞羽最长，第1枚初级飞羽的长度介于第6枚和第8枚之间；尾羽短而圆；跗跖长短于中趾或中趾连爪的长度，趾细长。

斑翅秧鸡

它分布于太平洋诸岛屿（包括中国的台湾、东沙群岛、西沙群岛、中沙群岛、南沙群岛）以及菲律宾、文莱、马来西亚、新加坡、印度尼西亚的苏门答腊、爪哇岛以及巴布亚新几内亚。

斑翅秧鸡栖息于沼泽地的水草丛中，奔走迅捷，偶作短距离飞行。主

要取食植物嫩芽和种子，兼食昆虫和小型水生动物。

呆秧鸡

呆秧鸡体羽棕色，有斑纹，腹深。脸颊下部白色，有一道白眉纹从嘴角绕眼睛上方延续至脖颈，灰腿。前额羽毛较硬，嘴长直而侧扁稍弯曲，嘴长等于或长于跗跖；鼻孔呈缝状，位于鼻沟内。翅短，向后不超过尾长，初级飞

呆秧鸡

羽上有斑纹。第2枚初级飞羽最长，第1枚初级飞羽的长度介于第6枚和第8枚之间；尾羽短而圆；跗跖短于中趾或中趾连爪的长度；趾细长，趾间无蹼；上体褐色有黑色条纹，面部和下体前部为灰色或灰蓝色。雌雄羽色相似。

呆秧鸡是新西兰的特有种，是一种已灭绝的秧鸡。

拉布拉多鸭

拉布拉多鸭生活在加拿大的拉布拉多地区，这里是加拿大大陆的东北部，包括了魁北克省北部的巨大半岛和纽芬兰。拉布拉多北为哈德孙海峡，东濒大西洋，西接哈得孙湾，南以伊斯特梅恩河和圣劳伦斯湾为界，是受过冰川侵蚀的岩石高原。这里湖泊极多，海岸犬牙交错，时常遭受到拉布拉多寒流的冲击。所以，拉布拉多鸭每到冬季就向南飞，到美国东部大西洋沿岸平原最大的海湾——切萨皮克湾过冬。

据此估计，拉布拉多鸭可能是一种候鸟。成年雄性拉布拉多鸭的头部

呈白色，头顶上有一道黑色的羽毛，脖颈处也有一条环状的黑色羽毛，前胸和翅膀呈白色，背部、腿部和其他部位都是黑色；黑色的鸭嘴上有一个黄色斑点。成年雌性拉布拉多鸭与雄性鸭在颜色特征上的差异较大，它的下颚和脖颈处是白色的，前胸灰白色，其他部位以灰褐色为主。

拉布拉多鸭

遗憾的是，有关拉布拉多鸭的生活环境、繁殖、栖息、习性和其他生物学上的特征根本就没有人知道。人们最后一次看到拉布拉多鸭是在1878年，在美国纽约州南部的埃尔迈拉市。从此以后，就再也没有见到过它们的身影。

到目前为止，人们并不清楚导致拉布拉多鸭的灭绝原因究竟是什么。因为从来就没有对拉布拉多鸭实行过任何保护措施，和许多灭绝物种一样，其实是在对它们还完全不了解的时候，在还没有觉察到它们已经受到伤害的时候，它们就消失得无影无踪了。这是智慧生物——人类的悲哀。

拉布拉多鸭灭绝于1878年。

拉布拉多鸭黑色的鸭嘴上有一个黄色斑点

白令鸬鹚

　　白令鸬鹚又名白令鸬或眼镜鸬鹚，是已灭绝的鸬鹚，分布在白令岛及科曼多尔群岛。阿拉斯加阿姆奇特岛的发现却是被误认为角鸬鹚的遗骸。

　　白令鸬鹚最初是由乔治·斯特拉于 1741 年在维他斯白令的第二次堪察加半岛探索中发现。他形容白令鸬鹚是一种体型大且丑陋的鸟类，而差不多不懂得飞行，实际上是很少飞行并非体质上的不能。白令鸬鹚重 12 ～ 14 磅（1 磅 ≈ 0.45 千克），一只足以供 3 人吃用。虽

白令鸬鹚

然鸬鹚出了名的不可口，但斯特拉却指白令鸬鹚很可口，尤其是以当地原住民的烹饪方法来加工。

　　除了知道白令鸬鹚是吃鱼类外，差不多没有其他的资料。随着探索者不断来捕猎白令鸬鹚作食物及取其羽毛后，它们的数量大幅地下降。最后发现白令鸬鹚是在 1850 年的白令岛的西北端。

查塔姆蕨莺

　　查塔姆蕨莺是皮特岛及芒哲雷特有的已灭绝的鸟类。它们的近亲有蕨莺，一些学家认为它们是蕨莺的亚种，但现时一般都认为是独立的物种。虽然大部分学者都将查塔姆蕨莺分类在自己的属中，但另一些学者则将它

们分类在大尾莺属中。

查塔姆蕨莺

查塔姆蕨莺长约 18 厘米，翼长 5.9~6.7 厘米。它们的下身没有斑点，胸部呈栗褐色，背部呈深红褐色。它们吃昆虫，但对有关其生活的生态环境不明。

查塔姆蕨莺最先是在 1868 年由新西兰自然学家在芒哲雷发现。他用石头打死了一只查塔姆蕨莺，并将其标本送到沃尔特·布勒。在 1871 年的描述中提及它们在芒哲雷很普遍，而在皮特岛的数量则下降了。它们灭绝主要是因烧林、山羊及兔过分地吃草，及被大家鼠及猫所掠食。最后的标本是在 1895 年射杀并成为罗思柴尔德的标本，它们最终在 1900 年前灭绝。

在新西兰的奥克兰及基督城，美国的剑桥、芝加哥、纽约市及匹兹堡，德国的柏林，英国的伦敦及利物浦，法国的巴黎及瑞典的斯德哥尔摩等地的博物馆内存放了查塔姆蕨莺的标本。

新西兰鹌鹑

新西兰有褐鹑和新西兰鹌鹑。褐鹑是作为猎鸟在 1860 ~ 1870 年被带到新西兰的。但在新西兰的南岛上，褐鹑没有能够繁衍生存下来。即使在北岛，褐鹑的生活环境也仅限于奥克兰市附近的部分海湾。褐鹑是新西兰的外来户，又被明确作为猎鸟，虽然现在它在新西兰的前途未卜，但毕竟生存下来，它们是适者生存自然法则的胜利者。相比较之下，作为新西兰的"原住居民"——新西兰鹌鹑，就显得命运多舛了。

有关新西兰鹌鹑的信息，人们现在知之甚少，只能从一个叫布勒的人所收藏的一幅新西兰鹌鹑的绘画来想象它们的身姿，再由褐鹑的习性来猜

测新西兰鹌鹑的日常生活：它们通常喜欢在乡野间藏身，当受到惊扰时，便会使劲地扇动翅膀飞起来，等找到合适的地方落下后便急急地躲藏起来，它们主要以昆虫、种子和一些草为生。相比之下它们更喜欢植物性的食物，它们的巢一般筑在草地上那些比较隐蔽的地方，雌鸟产下卵后就自己来孵，大约需要 3 个星期雏鸟才能孵化出来，在雌鸟孵化期间，雄鸟负责守卫巢穴，当有危险逼近鸟巢时，雄鸟就会发出尖叫声报警。人们所知道的仅此而已。

新西兰鹌鹑

第一批欧洲殖民者在新西兰享受到了瞄准猎物枪杀新西兰鹌鹑的乐趣。有记录记载，1848 年，D·莫勒先生和里士满上校两人在一天的时间里共捕杀到 43 只新西兰鹌鹑，当年他们的狩猎场，就是现在的纳尔逊市。现在，人们已经知道过度的狩猎和普遍的烧荒，是导致新西兰鹌鹑在一两年时间里突然衰亡的根本原因，尽管后来为了保护它们，政府制定了政策，划出了大片的保护区，但无论怎样，有一点是肯定的，即不管他们多么努力，新西兰鹌鹑仍然在 1875 年左右灭绝了。

黄嘴秋沙鸭

黄嘴秋沙鸭曾广泛分布于奥克兰岛，这里的河流、湖泊和沼泽地带到处都能见到它们无忧无虑身影。

黄嘴秋沙鸭与普通鸭子属于同鸭科，体型也很像鸭子，但它的嘴部构造却和普通鸭有很大不同，其前端弯曲成钩状，两边还各有一排角质细齿，

鼻孔在嘴中部。雄性黄嘴秋沙鸭比绿头鸭稍小，羽毛色彩斑斓，并带有黑色羽冠，在阳光照耀下全身羽毛闪闪发光，甚是好看。雌性大部分羽毛为灰褐色，与雄性相比，要逊色许多。

黄嘴秋沙鸭

的黄嘴秋沙鸭一般为一夫一妻，每年3月末，它们会成对在水中追逐、嬉戏，彼此"倾吐爱情"，或到草丛茂密处"谈情说爱"，生儿育女。有时为了争夺配偶，

雄性之间也常常发生激烈的争偶斗争。

黄嘴秋沙鸭可谓是优秀的"潜水运动员"，有高超的潜水本领，它们不断地跃出水面，潜入水底，小鱼、小虾和水生昆虫就会被打捞上来。得到食物后，还要彼此炫耀一番，然后各自吞到肚里。

直到19世纪初，新西兰奥克兰岛还到处都有黄嘴秋沙鸭无忧无虑的身影。岛上毛利族居民在一般情况下从不捕杀黄嘴秋沙鸭，认为它和许多其他鸟类都是神灵赐予他们的朋友。可是随着欧洲人的到来，黄嘴秋沙鸭的生存环境遭到了严重破坏，它们的厄运跟着来了。

黄嘴秋沙鸭的体型很像鸭子

在恶劣的环境中生存的黄嘴秋沙鸭更经受不起大量的捕杀，因而越来越少。黄嘴秋沙鸭最后被发现是在1902年1月，当人们想到应及早对这种美丽的动物进行保护时，却为时已晚。

1902年，黄嘴秋沙鸭灭绝。

夏威夷暗鸫

夏威夷暗鸫是一种细小及深色的
鸟类，原住在夏威夷的考艾岛。它们
长 8 英尺（1 英尺 = 0.3048 米）。雄鸟
及雌鸟外观相似，上身呈深褐色，下
身呈灰色，双脚黑色。它们是夏威夷
考爱岛暗鸫及褐背孤鸫的近亲。

夏威夷暗鸫在峡谷密林中出没，
很多时会不动地停留在下木上。它们
主要是吃水果和昆虫。

夏威夷暗鸫现已灭绝。在 19 世纪
末，它们是考艾岛最普遍的鸟类，差
不多在整个岛上都可以看到它们。不
过清除林地以及蚊子带来的疟原虫而

夏威夷暗鸫

令它们大量减少。另外入侵的动物，如野生的猪及大家鼠，以及鸟类之间
的竞争亦是令它们灭绝的原因。

大 海 雀

大海雀又称大海燕，是一种不会飞的鸟，曾广泛存在于大西洋周边的
各个岛屿上，由于人类的大量捕杀而灭绝。

大海雀是大型游禽，外观略似企鹅，而英语中以企鹅命名（其实也是
误认与本种有亲缘关系），与它亲缘关系最近的现存种是刀嘴海雀，体长约
40 厘米。

大海雀体长 75～80 厘米，体重 5 千克。头部两侧、颏、喉和翅膀呈黑

大海雀

94

褐色。大海雀全身以白黑两色为主，后背为黑色，胸部和腹部为白色，这种保护色使它们在海岸岩石上不易被发现。大海雀脚趾为黑色，脚趾间的蹼为棕色。喙为黑色并有白色横向纹槽，适于捕食鱼类。每只眼睛和喙之间有一小块白色的羽毛。眼睛的虹膜呈红褐色。

大海雀幼鸟略有不同，喙上的横向纹槽不明显，在脖子上也有黑白混杂的颜色。

大海雀体型粗壮，但由于它的双翼已经退化，因此只能在水面上低低滑翔。当它潜入水中后，会继续挥动双翼，起着强劲的推动作用。

大海雀灭绝的最主要原因是人类的屠杀。在斯堪的纳维亚半岛和北美东部地区，宰杀大海雀的记录可追溯至旧石器时代，在加拿大的拉布拉多地区，宰杀大海雀的记录则可追溯至公元 5 世纪。此外，在纽芬兰岛一处公元前 2000 年墓穴的陪葬品中，也曾发现一件由 200 只大海雀皮毛制作成的衣服。尽管如此，在公元 8 世纪之前，人类对大海雀的宰杀对其整个物种的生存而言，并不构成很大的威胁。

15 世纪开始的小冰期对大海雀的生存产生了一定的威胁，但

大海雀外观略似企鹅

大海雀最终灭绝还是由于人类任意捕杀和对其栖息地大面积开发所致，大海雀和大海雀蛋的标本也成为价值昂贵的收藏品。1844 年 7 月 3 日，在冰岛附近的火岛上，最后一对大海雀在孵蛋期间被杀死。虽然后来有人声称1852 年在纽芬兰岛上又曾发现大海雀，但并未得到证实。

至今约有总计 75 枚大海雀皮毛和 75 枚大海雀蛋被存放在各地的博物馆中，另有上千根大海雀的骨骼存世，但仅有寥寥数具完整骨架。

笠原腊嘴雀

笠原腊嘴雀

笠原腊嘴雀是已灭绝的腊嘴鸟。它们一般都不怎么害羞，但很多时只是单独或成双地出入。由于它们不怎么飞行，故它们主要是在地上吃果实及芽，而很少会飞到树上采食。

笠原腊嘴雀只分布在小笠原群岛的父岛。虽然有指在母岛发现它们，但差不多确定是错误，另外亦有指在兄岛及弟岛。直至目前只有几个标本被采集。现今的图画之间出现一些分别，不过究竟是季节性的差别，或是不同的亚种或物种，则仍未有定案。

笠原腊嘴雀是由 Frederick William Beechey 于太平洋旅程发现，并于 1827 年在父岛采集到两个标本。翌年亦发现了几个标本，但却只记录在小笠原群岛发现。根据两个遇难水手的报告，小笠原群岛是捕鲸船的中途站，而殖民是于 1830 年开始。1854 年，当约翰·罗杰斯等人的研究船队集合在父岛时，史蒂波生没有发现笠原腊嘴雀。他只发现了一些于1828年已存在的大家鼠、野生山羊、绵羊、狗、猫及猪等。笠原腊嘴雀像启利氏地鸫般，可能是在1830年因栖息地消失及被入侵物种掠食而灭绝。

有指有人在母岛发现笠原腊嘴雀，但1853年，马修·佩里第一次到日本时却未有提及，这显示有关在母岛出现的说法是不正确或是误解。另外，笠原腊嘴雀不动的习性很难令人相信它们会在父岛以外出现。

孔子鸟

孔子鸟的形态与德国的始祖鸟有许多相近的特征，例如，头骨没有完全愈合，肱骨比桡骨长，手上长有3个带爪的指，等等。孔子鸟复原图显示孔子鸟的个体与鸡的大小相近，上下颌没有牙齿，有一个发育的角质喙嘴；它的脊椎骨退化，胸骨发育，尾巴很短。从进化角度来看，孔子鸟的形态特征比始祖鸟显得进步，生活时代也应该比始祖鸟晚。不过孔子鸟的研究者、中国科学院古脊椎动物与古人类研究所的侯连海研究员当初认为，孔子鸟的形态与晰鸟近似，它们的时代也大致相当，

孔子鸟

都是距今大约1.4亿年前的侏罗纪晚期。

1984年，甘肃鸟的发现令人难以置信地证明始祖鸟并不是鸟类演化和主系，这使得全世界为之震惊。1989年9月，在我国辽宁又发现了中生代鸟类化石。这些是在德国之外的地方首次发现孔子鸟化石的时代最早的鸟

类。从此古生物界鸟类研究热的序幕被拉开了。1993 年，在辽西发现了年代仅次于始祖鸟的更早的化石，

这就是后来著名的孔子鸟。它们大约生活在侏罗纪晚期到白垩纪早期这一阶段。从 1994 年后古生物学家们云集辽西，数以万计的鸟类化石源源不断地被发掘出来，全世界古生物学界几乎都把目光投向了这里，鸟类研究进入到一个全盛时期。著名鸟类学家 A. Feduccia 教授称："尤其是来自中华人民共和国的新材料……构成了我们认识早期鸟类的基础，许多美国学者甚至认为世界现生鸟类很可能起源于中华人民共和国。"

孔子鸟复原图

和以往一样最热门的孔子鸟较始祖鸟稍晚（极有可能是同一时期的）。其特点是颌骨无牙齿，取而代之的是角质喙；肱骨近端有一大的气囊孔，第一指骨爪特别强大而尖利，第二指骨爪收缩；胸骨较大，呈片状并有一短的后侧突；趾骨远端没有趾骨脚以及尾椎骨缩短，基本形成尾综骨等，这些都是始祖鸟所没有的进步性状，同时也是区别于早白垩纪鸟类的重要特征。

孔子鸟的发现一方面更进一步证实始祖鸟非鸟类进化主流，另一方面打破了它独霸侏罗纪始鸟百余年一统天下的局面，使得人们的研究更全面和充分了。

孔子鸟尾翅艳丽

马岛鹦鹉

这种鹦鹉鸟体为棕黑色，背部带有浅灰色；尾巴内侧覆羽为灰色，并带有不同程度的黑色于羽轴上，尾羽中间带有暗色的条状；眼睛附近有一圈灰色，鸟喙为灰白色，换羽之后变为浅灰色；虹膜为深棕色。幼鸟的体色偏棕色，鸟喙为灰色，虹膜为黑色。

马岛鹦鹉可能是全世界最奇特的鹦鹉，这种全身棕黑色，长相酷似乌鸦和鸽子综合体的鹦鹉，有些地方竟然和远古时代的恐龙和爬虫类很类似，在许多鸟类学家和鹦鹉爱好者的眼中，它们是非常神秘且吸引人的鸟种。马岛鹦鹉个性温驯，和非洲的大部分鹦鹉一样，他们平时相当安静，但是接近繁殖期则会有些点嘈杂。随着繁殖期地渐渐接

马岛鹦鹉

近，母鸟的羽色会从原来的灰色变为浅棕色，推估这是因为母鸟的油脂腺所分泌的化学成分有所改变的缘故。最特别的是，到了繁殖期，母鸟头部的羽毛会渐渐脱落，到最后变成像兀鹰一样无毛，脸部也会变为橙黄色。大部分的公鸟在繁殖期都会比较具有侵略性，大瓦沙鹦鹉则是母鸟会变得十分凶悍，如果母鸟认为公鸟没有善尽配偶的义务，它们会残酷无情地追逐攻击公鸟，直到公鸟屈服在她的雌威之下为止。由于大瓦沙鹦鹉的母鸟实在太过强势，在繁殖期的公鸟受伤的情况也屡见不鲜，因此许多繁殖者想出了解决方案，将一只母鸟和两只公鸟配对，避免某只公鸟严重受伤；

也有的繁殖者在鸟舍两头都挂上巢箱，并且在非繁殖期将公母鸟分开，免得发生血腥场面。

马岛鹦鹉个性温驯

马岛鹦鹉的公鸟也十分特殊，一般的鹦鹉并没有外生殖器，但是马岛鹦鹉在交配时会伸出它们粉红色的生殖器官，藉以固定并紧扣住母鸟的泄殖腔，这点和爬虫类的生殖习性非常相似。此外，马岛鹦鹉也和一般的鹦鹉的孵化育雏习性不同，它们会将蛋和雏鸟埋在它们巢箱内的筑巢材料中，就像许多爬虫类（例如鳄鱼、蛇、蜥蜴等）一样地等待孵化。因此它们的孵化期只需短短的 15 ~ 18 天，幼鸟 7 周羽毛就可以长成。另外一点相当特殊的就是，它们不仅会洗水浴，连泥沙浴和日光浴它们也酷爱，堪称为鹦鹉中的"活化石"。

马岛鹦鹉主要栖息于树木茂密的林区、热带草原地区，有时候也会前往农耕区以及果园觅食、活动。在繁殖季它们大多会组成小群体活动，有时候也会聚集庞大数量的族群于栖息的树木附近，相当嘈杂。它们在明亮和月光照耀的夜晚也相当活跃，个性并不十分怕生，可以在有限的距离内接近它们。它们飞行的模样相当吃力，会平直地拍动翅膀，看起来类似乌鸦一般。有时候它们会到地面上觅食，偶尔会和欧掠鸟以及鹎科鸣鸟一起群聚活动。

库赛埃岛辉椋鸟

库赛埃岛辉椋鸟是已灭绝的椋鸟。它们是太平洋西南部加罗林群岛的科斯雷岛上的特有种。

库赛埃岛辉椋鸟长20～25.4厘米。它们像乌鸦，呈黑色，喙长而且弯，与尾巴一样长。

库赛埃岛辉椋鸟只有5个标本，3个毛皮标本存放在圣彼得堡及莱顿的博物馆内。在1880年就已经没有发现库赛埃岛辉椋鸟。另一项于1931年由美国自然历史博物馆进行的研究确定了它们已经灭绝。它们的灭绝可能是大家鼠捕食的缘故。

库赛埃岛辉椋鸟

第四章　灭绝的两栖爬行类

马里恩象龟

　　马里恩是一只象龟的名字，但是当它被冠以"马里恩"这个名字的时候，它的伙伴们都已经灭绝了，只剩下它一个作为代表。印度洋上的塞舌尔群岛以前曾是象龟的领地，至少有 6 种象龟在这里生存过。马里恩象龟也被称为塞舌尔象龟，它是象龟中体型较大的一种，体重约有 270 千克，身长也有 1.2 米。

马里恩象龟

　　象龟是草食动物，白天它们都各自寻找草木，只有晚上才聚集在一起，在后来发现的 1708 年的一般航海日记里有这样的记载：在这个岛屿上有许多象龟，它们晚上聚集在一起，一个紧挨一个，就像是地上的铺路石。这是反映塞舌尔群岛象龟数量之多的一个真实记载。

　　首先遇到这些巨大象龟的是初期航海者，对于这些航海者来说一个个岛屿就是补给食品的港口，在船抛锚以后，他们要补充食物，起初他们用盐将象龟的肉腌起来食用，但是他们很快就发现象龟在不吃食的情况下也可以活几个月，于是象龟成了他们新鲜的肉源。从18世纪的航海日记中可以看到，当时一艘船捕食1000～6000只象龟。1766年，一只象龟被作为吉祥物送到了毛里求斯的法国军队司令部，它被赠送者命名为马里恩———一位探险家的名字。1810年英国占领了毛里求斯，马里恩象龟也成了英国人的战利品。这只巨大的孤独的象龟，在帝国的炮火中生存着，这期间，有数十万只象龟被杀。

到了1800年，塞舌尔群岛上的象龟灭绝了。马里恩象龟在第一次世界大战结束后的1918年死去了，它不是老死的，而是因为手枪走火被打死的。在它生命的最后120年当中，一直被作为一个物种保护着。毫无疑问，如果没有手枪走火这件事，它可能还会生活得更久一些。

马里恩象龟于1918年灭绝。

恐 鳄

恐鳄是史上出现过最大型的鳄类之一，可能会以恐龙为食。目前发现的恐鳄化石主要以头骨为主。根据近年研究，古生物学家对于恐鳄的身长估计值，较之前的估计值短。由于恐鳄的化石相当破碎，关于恐鳄的身长，目前有差异相当大的不同估计值。在1954年，内德·科尔伯特与罗兰·伯德估计恐鳄的下颚长度为2米，并与其他大型鳄鱼相比较，提出恐鳄的身长为15米。在1999年，格里高利·艾利克森与Christopher A. Brochu提出较短的版本，认为恐鳄的身长为8～10米。2002年，大卫·史威莫提出：生存于北美洲东部的恐鳄，身长为8米，体重为2吨；生存于北美洲西部的恐鳄，身体较大，身长为12米，体重为

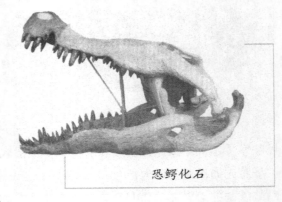

恐鳄化石

8 吨。

虽然恐鳄的身长有不同的估计值，但它们的体型明显地大于任何现存的鳄类。即使是其中最小的估计值，其体重仍大于任何现存鳄类。恐鳄被认为是史上最大型的鳄之一。其他的史前巨型鳄类包含：白垩纪早期非洲的帝鳄、中新世巴西的普鲁斯鳄、中新世与上新世印度的鸟嘴鳄。

恐鳄的化石主要在美国许多地区发现，包含阿拉巴马、密西西比、蒙大拿、佐治亚、纽泽西、北卡罗来纳、新墨西哥、德克萨斯、犹他和怀俄明。在 2006 年，墨西哥北部发现一个恐鳄的皮内成骨，这是首次在美国以外的地区发现恐鳄化石。恐鳄的化石最早在佐治亚州的湾岸平原地区发现，接近阿拉巴马的边界。

恐鳄复原图

1858 年，地质学家埃比尼泽·埃蒙斯在北卡罗来纳州布拉登郡发现两个大型牙齿。埃蒙斯将这两个牙齿归类于 Polyptychodon，并建立新种，这个属当时被归类于鳄鱼，现为上龙亚目的一属。这两颗牙齿的外形粗厚、微弯，珐琅质的表面有垂直的沟痕。这两颗牙齿是已知最早被科学叙述的恐鳄化石。

美国自然历史博物馆在重建头部模型时，参考古巴鳄的头部，并利用石膏重建出大部分头部。科尔伯特与伯德认为这个版本太过保守，认为若是参考湾鳄来重建，可制作出更大体型的恐鳄模型。由于当时不清楚恐鳄是否具有宽广口鼻部，科尔伯特与伯德计算恐鳄头部比例时发生错误。尽管重建时发生错误，这个恐鳄头部模型已成为一般大众对恐鳄的第一印象。

103

脊质鳄

脊质鳄生存于白垩纪，食肉，生存于乌拉圭马达加斯加岛，属于爬行动物。

脊质鳄又名脊质的鳄鱼。

脊质鳄是一种 2 米长的古鳄类，拥有强大的咬力，它的尾巴在行走时并不拖在地面，而是稍微抬起尾部行走，这点非常类似于恐龙。它应该是一种掠食性动物。

脊质鳄

鱼石螈

最早的两栖类化石发现于格林兰和北美的泥盆纪晚期地层里，叫作鱼石螈。

它身长约 1 米，在它身上具备着鱼类和两栖类的双重性质。它和总鳍鱼的化石有很多共同之处：它们的头骨全被膜原骨的硬骨所覆盖，这些骨片的数目和排列极为近似，它们都具有迷路齿（牙齿从横切面上看，珐琅质深入到齿质中形成复杂的迷路样式）。

鱼石螈

　　鱼石螈的四肢骨和总鳍鱼偶鳍的骨片基本相似，它的头骨上还有前鳃盖骨的残余，身体表面覆盖有小的鳞片，身体侧扁，还有一条鱼形的尾鳍。但是，鱼石螈已经长出了五趾型的四肢，脊椎骨上还长出了前、后关节突，说明脊柱椎弓之间的连接加强了，有利于脊柱的各种弯曲动作；前肢的肩带与头骨已失去连接，说明头部已能活动（鱼类的肩带与头骨直接相连，头部不能活动）。这些进步性的特征证明鱼石螈已经进入了两栖动物的范畴，是迄今为止最早的两栖类代表。

　　从鱼石螈分化出来的古生代的两栖类，因头骨皆具有膜原骨形成的完整的骨板覆盖，可以总称之为坚头类。在石炭纪和二叠纪，坚头类曾大量辐射发展，形成各种各样的类群。可分为两大类：迷齿

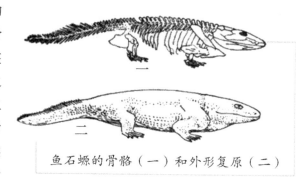

鱼石螈的骨骼（一）和外形复原（二）

类和壳椎类。过去被认为属于第三大类的叶椎类，现在已确认是不存在的，其代表鳃龙具有外鳃和鳃弓，实际上并不是新的类群，而只是迷齿类的幼体。

紫　蛙

　　紫蛙呈亮紫色，嘴与猪十分相似，看起来像一个饱满的李子。根据科学家分析，这只蛙属于生活在远古恐龙时期的一种特殊蛙类的分支种类。

紫蛙

紫蛙之所以 2005 年才被人发现，是因为它们生活于地下，只会在雨季的时候现身两周，其他时间一直过着隐身的生活。

　　紫蛙于美国东部时间 10 月 16 日（北京时间 10 月 17 日）在印度喀拉拉邦高山山脉西部被科学家发现。

　　对于科学家来说，高山山脉是研究生物多样性的热点地区。

　　经 DNA 分析表明，这种蛙不仅是早先未曾发现的蛙类，而且还隶属于一个未知蛙科。目前，人们发现世界上有 4800 种蛙类，隶属 29 个蛙科。科学家将其命名为 "Nasikabatrachus sahyadrensis"，它最近的亲缘关系是生活在印度洋塞舌尔的 "sooglossids" 蛙。

紫蛙体型肥圆

这两种蛙类都是白垩纪时期一种特殊蛙类的分支。

这种奇怪蛙类的发现者是弗兰克·博斯苏怀特和比利时布鲁塞尔自由大学的 S. D. Biju，此项发现刊登在《自然》杂志上。他们在杂志中指出，"通过这项研究，我们发现一种生活在白垩纪恐龙时代的蛙科可能有许多分支种类，目前我们仅发现在塞舌尔的四个种类，以及新近在印度发现的一个种类。"

始　螈

始　螈

始螈生存于 3.22 亿 ~ 2.95 亿年前的欧洲。

始螈是"两栖类的开端"，因为它是最早的两栖类之一。

始螈是一种大型迷齿类，迷齿类是早期两栖类中最常见的类群。始螈长长的身体像鳗鱼，头骨形状像鳄鱼。

笠头螈

笠头螈是生活在二叠纪中一种形状古怪的两栖动物。它的身体细扁，长约 60 厘米，看起来很像大蜥蜴。头部像三角箭头向左右凸出，比身体还要宽，因此形状十分奇怪。它双眼在身体上侧，口在下面。它有长尾便于游水。笠头螈比引螈或者双椎螈更善于游泳。它四肢软弱，各有五趾，经常在泥岸上瞌睡。

笠头螈属于壳椎类中的游螈目。游螈目是壳椎类中数量、种类和形态都最为多样化的家族。它们在石炭纪后期开始向两个方向进化，一支进化

成体形细长的鳗鱼状或蛇形
两栖动物；另一支则身体和
头骨都向着扁平而且宽阔的
方向发展，就像笠头螈，头
骨侧面和顶盖部分的骨骼向
侧面极度生长，以至于头骨
的后部好像向两侧长出三角
形的"角"一样，而且使整
个头骨的形状像一顶斗笠，
因而被命名为"笠头螈"。

笠头螈

笠头螈大约生活于 2.7

108

亿年前，栖息地是如今的美国得克萨斯州。

它们最奇特之处在于头部，头骨好像是一个飞镖头，前部长有两颗小眼睛，两侧还长有翅膀。古生物学家还不确定这种奇异造型的功能，可能是在水里游泳比较方便，或者是让猎食者觉得不好下口。

马达加斯加彩蛙

马达加斯加彩蛙

马达加斯加彩蛙主
要以土壤中的小型生物
为食。

它生活于马达加斯
加东部伊萨罗·马希夫
的多岩且气候干燥的森
林地区。

形态特征：体长 22
~31 毫米的小型蛙。体
色以暗色为主，腿部呈

亮色并有黑带状条纹。

生活习性：栖息于河堤草地或溪流的岩石下方。

水 龙 兽

水龙兽体型像河马

109

水龙兽是已绝灭的古爬行动物，归于兽孔目、异齿兽亚目、二齿兽次目、水龙兽科，仅水龙兽1属。水龙兽头大、颈短、体桶状，体型有点类似今日的河马。

其特征是颜面部显著向下折曲，因此头骨很高；鼻位置很靠上，一直到眼孔之下，身体结构已具有若干哺乳动物的进步性状，但头部尚原始，生活于湖泊池沼边缘，以植物为生。水龙兽生活于约2亿年前的地史上的三叠纪初期。它的分布十分广泛，各大陆上所发现的化石极其相似，以至均归同属，有的甚至可归同种。水龙兽通常被用作大陆漂移说的佐证，证明在2亿年前各大陆是互相联接着的，另外它也被许多的科学家认为是地球上所有哺乳动物的祖先——因此也算是人类的祖先。

水龙兽曾经在地球上极为繁盛，它的足迹遍及现在的南非、中国、印度和俄罗斯等地，可能还包括澳大利亚。

水龙兽长约1

水龙兽与狗大小相当

米，与现在的狗大小相当。最明显的特点是上颌相当于犬齿部位生有一对长牙，此外别无它齿。与其他异齿兽类相比较，水龙兽的头骨构造比较特别。它的眼眶位置很高，直达头顶，眼眶前面的脸部和吻部不像其它类群那样向前伸，而是折向下方，使脸面和头顶之间形成一个夹角，这个夹角有时可达90°。同时，鼻孔的位置也移到眼眶下面。

随着时间的车轮滚滚向前，动物群也一个个相继演替：侏罗纪、白垩纪的恐龙，第三纪的各类奇异的哺乳动物，第四纪人类的出现。只要生命存在，生命的演化将不会停息。

古 杯 蛇

古杯蛇化石

物种分类：古杯蛇→鳞皮龙目→古杯蛇科。

分布范围：古杯蛇俗名海蛇，生活在白垩纪晚期——渐新世；分布于欧洲、非洲、美洲。

这种海生蛇的脊椎具有凹窝和后凸起铰合，并有附加的铰合——蛇的特征位于背拱之上。肋条很长。

与现代海蛇一样，古杯蛇生活在浅岸边和三角湾。

尽管古杯蛇的脊椎是经常被发现的化石，但它们能提供其关系的资讯却很小。

古杯蛇全长130～900厘米。

110

楯齿龙目

楯齿龙目又名盾齿龙目、齿龙目，意思为"块状的牙齿"，是群生存于三叠纪的海生爬行动物，在三叠纪—侏罗纪灭绝事件中灭绝。一般认为它们跟鳍龙超目有关系，而鳍龙类也包括蛇颈龙类。楯齿龙类身长通常为 1～2 米，最大型的物种可达 3 米。

楯齿龙化石复原图

它们的部分物种在外表上类似粗厚、水桶腰的蜥蜴，其他的物种则因为背上的大型骨板，而类似乌龟。它们拥有短而非常强壮的四肢。

111

因为它们密集的骨头与厚重的骨板，所以它们不能浮在水面上，必须利用大量的能量才能抵达水面。从它们厚重的身体与化石发现地的沉积物判断，它们应该存活在浅水中，而非深海。

它们以贝类、腕足动物，以及其他无脊椎动物为食。它们因其大型、平坦、凸出的牙齿为名，楯齿龙在海床上寻找软体动物与腕足动物（这是它们类似海象的地方），并使用牙齿来压碎它们。楯齿龙上颌极度厚大的牙齿能压碎厚的甲壳。

在 1830 年发现第一个楯齿龙类的化石，楯齿龙类的化石目前已在欧洲与中东发现。

派克鳄

派克鳄生存在三叠纪，生活在陆地上，属爬行动物，槽齿类。

派克鳄生活在三叠纪，化石发现于南非，派克鳄是以英国科学家派克命名的一种槽齿类爬行动物。

派克鳄

槽齿类是鳄鱼、恐龙和翼龙的祖先。在槽齿类这个大家族中，派克鳄体形较小，体长约60厘米，行动也相应地比较灵活。

派克鳄是种小型爬虫类，生存在早三叠纪的非洲，与初龙类的早期祖先血缘接近。派克鳄身长5英尺，重达40磅。它们是肉食性，不属于恐龙。派克鳄拥有相当长的后肢，可能是半两足动物，能够仅以后肢快速奔跑。这种能以两足运动的趋势，让派克鳄成为早期两足爬行动物之一，这种特征并维持到某些恐龙与早期镶嵌踝类初龙。

扭斯汀科龙

物种分类：蜥子龙目→粗侧板龙科。

分布范围：扭斯汀科龙又名粗侧板龙，生活于三叠纪中期到晚期，分布在欧洲。

在二叠纪至三叠纪时期，一些爬行类又重新回到水中，进入了爬行动物统治水生世界的时期。这些类产生了粗侧板龙科，其中扭斯汀科龙便是一例。这属对水生的偏好表现于它的小而结构轻巧的颅、细长的身体、短肢，以及上臂骨的流线型。但四肢没有变成鳍。

扭斯汀科龙以很小的水生有机物为食物。

扭斯汀科龙化石

南 漳 龙

物种分类：脊索动物门→双孔亚纲→袋鼬目→南漳龙属。

南漳龙的体型成流线型，四肢呈鳍状，前肢大于后肢，尾巴类似鳄鱼，适合在水中游泳。湖北鳄与南漳龙有少数不同特征，例如：湖北鳄的背部真皮板较厚、神经棘分为近端单元和远端单元。湖北鳄有细长的口鼻部，类似恒河鳄、江豚、鱼龙类，细长的口鼻部可能用来抓住鱼类或水生无脊椎动物等食物。

南漳龙化石

南漳龙是一种已灭绝的海生爬行动物，生存于三叠纪晚期的中国。属名是以化石发现地南昌市为名。南漳龙的身长约1米，可能以鱼类为食，或是以长口鼻部搜索水生无脊椎动物为食。南漳龙的外形类似鱼龙类，可能是鱼龙类的近亲。

迷齿龙

　　迷齿龙属于沼泽两栖动物，生存于石炭纪早期，分布在欧洲、北美洲。
　　对这种早期两栖动物的认识仅能来自其鳄鱼似的头颅。它的眼窝前部增大而形成钥孔状。
　　迷齿龙是石炭纪晚期的沼泽中主要的食肉动物。

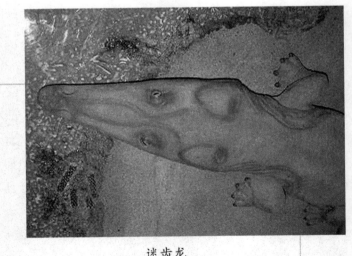

迷齿龙

　　迷齿龙生活在石炭纪晚期的淡水湖泊或沼泽中，迷齿龙属于独居动物，就像今天的东北虎、猎豹等大型猫科动物，每只迷齿龙都会在水底划分自己的活动领域，一般情况下只有在交配季节才会扩大自己的活动范围。
　　在遭遇强烈干旱的时候迷齿龙会用分泌一种特殊的体液混合水域中的植物、淤泥做成一个具有良好密封性的外壳，而自己则会藏匿在壳里，在密封外壳前迷齿龙会在体内储存足够的养分和水，并且会在外壳里储满水以保证自己能够依此躲过干旱的侵袭，支撑到下一次雨季的到来。

化石提供的信息告诉我们这种手段能帮助迷齿龙在干涸了的水域下坚持 2～3 年的时间。

洞 螈

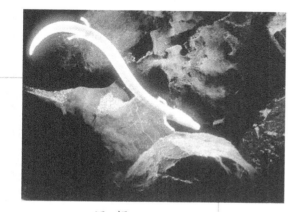

洞 螈

洞螈（又称火蜥蜴），它们没有眼睛，皮肤是透明的，终生栖息在地下水形成的暗洞内，时常将鼻孔伸出水面呼吸空气。在光照下肤色可变成黑色，回暗洞后肤色又恢复原状。它可以通过气味和电感能力捕捉猎物，并在不进食的情况下生存 10 年。

115

智利达尔文蛙

智利达尔文蛙是一种小型蛙，生活在南美洲的大部分地区，它们抚育幼蛙的方式与众不同——雄蛙用舌头将蝌蚪卷进喉咙，让蝌蚪在那里生长。当蝌蚪长到大约 1 厘米长时，雄蛙便张开嘴，让蝌蚪们跳出去。由雄性来抚育幼蛙成长，

智利达尔文蛙

这是非常罕见的。这个物种的发现直到 1980 年前后才被正式确认，但还没有人拍摄到活体照片，而且自 1978 年以后就再没被看到过，现在已经灭绝。

玄武蛙

玄武蛙

玄武蛙是两栖类无尾目。它以食肉为主，生存在中新世年代的中国山东。

玄武蛙是两栖类蛙科的一种。化石产于中国山东临朐山旺中新统，是连同皮肤印痕都保存相当完整的标本。玄武蛙外形与现代蛙相似，头骨为三角形，头比头后端的宽度长。脊椎 9 个，第二个脊椎有很强大的上副突。胫腓骨稍长于股骨。

蛙类化石在中国上新统及更新统均有发现。

帝 鳄

帝鳄是鳄鱼类，生存于白垩纪早期的非洲海洋，长达 12 米。

现在在非洲的河中居住的现代鳄鱼通常捕捉牛羚和斑马——先把他们拖进水里淹死，然后再慢慢撕碎吞噬。在白垩纪前期，一些小型哺乳类和中型恐龙常常是帝鳄的腹中之物。当它们在河边喝水，帝鳄便急速出击，用 100 多颗牙齿插入被捕食的动物。

帝鳄还有一个很独特的构造，能使它长时间生活在海岸边——帝鳄的眼窝底部朝上转，这样能大量增加目视范围。

最新的古生物考察发现，在距今约 1.1 亿年以前，恐龙并非地球上唯一的统治者。

帝鳄复原图

美国芝加哥大学的古生物学家最近在尼日尔的泰内雷沙漠发掘到一具巨型鳄鱼的化石。这种鳄鱼的学名叫"sarcosuchus"，就是"鳄鱼之王"的意思。与此同时，这些研究人员惊讶地发现，这只生存在水中的鳄鱼堪称"庞然大物"。它长约 12 米，重达 10 吨，比现在人们所能见到的最大鳄鱼还要大 10 ~ 15 倍。而且，这只鳄鱼与恐龙同处一个时期——白垩纪，是当时最凶猛的食肉动物之一。更让研究人员吃惊的是，这样的鳄鱼在恐龙横行的远古时代，有时竟捕食恐龙为餐。那么，它是如何来捕食恐龙的呢？研究人员发现，与许多生活在浅海中的古代鳄鱼不同，这种爬行类鳄鱼以河流为家。当时，陆地上覆盖着茂密的森林，无数河流纵横交错，遍布其间。而这种鳄鱼就栖息在这些宽阔的河流中。每当恐龙

帝鳄捕猎复原图

感到饥渴，到河边饮水时，就是鳄鱼捕杀恐龙的最好时机。

这类鳄鱼之所以能捕食恐龙，主要因为它有着非常特殊的身体构造。它的鼻子末端长着一个巨大的、球根状的突起，突起里面有一个空腔。这

117

使它的嗅觉异常灵敏，并能发出奇异的声音。而且，这种超级鳄鱼的牙齿也非同一般。与一般以鱼类为生的动物相比，它的下颌牙不仅与上颌牙互相交错，而且能精确无误地嵌入其中。在100多颗牙齿当中，一排门牙能咬碎骨头，撕裂像恐龙一样巨大的猎物。此外，它的眼睛也难以理解地向上翘起。

每当恐龙到河边喝水的时候，鳄鱼就把十几吨重的身体藏在水下，水面上只露一双眼睛。然后，它慢慢接近猎物，伺机发动突然袭击。用这种方法，许多恐龙转瞬之间就成为它的盘中美餐，有时，巨型恐龙也难以逃脱这样的厄运。

除此之外，鳄鱼的皮肤上还长有一层片状骨质"铠甲"。这些"铠甲"不仅像树的年轮一样标志着鳄鱼的年龄，而且能保护鳄鱼在捕食猎物时免受伤害。

事实上，早在1964年，法国科学家就曾在尼日尔挖掘到一块此类鳄鱼的头盖骨化石。之后，由保罗·塞雷诺率领的芝加哥大学的考古队也分别在1997年和2000年挖掘到一些类似的化石。但这些残缺的化石仅仅提示研究人员——这样的鳄鱼有可能存在。而最近的发现则表明，此类鳄鱼可能就是生物史上最大的鳄鱼。

正如古生物学家保罗·塞雷诺在接受采访时所说，当时，这种鳄鱼势力非常强大，很可能就是使恐龙做噩梦的那类东西。

中国短头鲵

中国短头鲵是迷齿亚纲、离片椎类的一属，属名取自中国和短头鲵。仅以一完整的头骨为代表，

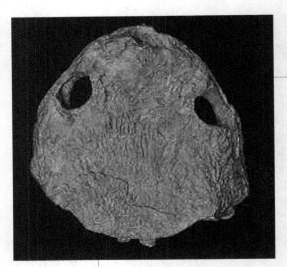
中国短头鲵

发现于四川自贡中侏罗世下沙溪庙组。头骨无耳凹，牙齿锥状、中空、无迷路构造，体型多样，四肢细弱或退化，多小型、水生。生存于早石炭纪至早二叠纪，从早期四足动物中演化出来。中国短头鲵属主要分为三个目：鳞鲵目、游螈目和缺肢目，仅分布于欧洲、北非和北美。

中　龙

物种分类：脊索动物门→爬行纲→无孔亚纲→中龙目→中龙科→中龙属。

中龙生活在晚石炭纪至早二叠纪非洲、南美洲，主要以肉食和鱼类为食。

中龙是最早下水的爬行动物。主要生活在溪流和水潭中，很少上岸，特别爱吃水里的鱼。它身体细长，肩部和腰部的骨骼都比较小，身后有一条长而灵活的尾巴，脚较大，成为桡足，主要用尾巴游泳。它的上下颌特别长，嘴里长满锋利的牙齿，很适合捕鱼。中龙分别在非洲和南美洲发现，说明在石炭纪这两个洲曾经连在一起。

中龙

南非和南美洲的东部都发现有一种叫做中龙的水生爬行动物，当时科学家认为这种小型的爬行动物是生活在淡水水域里的，不可能游过广阔的海洋在南非和南美洲之间迁徙或散布，因此认定它是大陆漂移的有力证据。

中龙是最早回到水中生存的爬行动物，它的脚掌有蹼，身体呈流线型，长尾巴上长有鳍状物。因为后腿比较长，它们被推断是用来在水中推动身体往前进。它容易弯曲的身体使它可以轻易地以侧向滑行，但因为粗厚的肋骨，它们不能转弯（这特征同样见于现代的海象）。

中龙拥有小的头骨与长的颚和长尾巴，鼻孔位在尖端，使得中龙可以在水面下用鼻孔呼吸（类似鳄鱼）。中龙最大的特征在于众多且细的牙齿。每个牙齿都位在齿槽里，但过细的牙齿难以抓到猎物。所以中龙被认为用牙齿从水中过滤浮游生物。

蛇螈

蛇螈的体长 60 厘米左右，生活在 3.22 亿~2.95 亿年前的欧洲、北美洲。

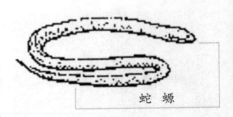

蛇螈

蛇螈是一种形状像蛇，生活在水中的两栖动物，它有 200 多块脊椎骨。生活在 2.3 亿年前，是介于两栖动物和爬行动物之间的类型。没有腿，尾部与黄鳝很相似。

120

有角鳄

有角鳄出现于中、晚三叠纪的北美洲，灭绝于三叠纪末期。身长 5 米左右，头部及四肢短小，尾部较长，身上披有带角的甲胄，属于恩吐龙类中比较特殊的一类，其肩背部突出似角的壳针长有 45 厘米，它们虽然与凶猛的植龙类是近亲，

有角鳄化石

但叶状般的牙齿显示有角鳄是植食性的爬行动物。

有角鳄生活在 1.95 亿年前（侏罗纪），身体可超过 3 米，外貌和现代鳄十分相似，性情凶恶，身体全部由坚硬的甲片所包裹。

陆 鳄

陆 鳄

陆鳄属爬行古鳄类，生存在三叠纪，灭绝于三叠纪，是水陆两栖动物。

陆鳄最早出现在三叠纪。它是最早的鳄鱼，和现代鳄鱼相比，陆鳄生活在陆地上的时间较多，所以被称为陆鳄。陆鳄体长大约为50厘米，腿较长，并且能快速地奔跑。它的上下颌都很长。

始虚骨龙

始虚骨龙生存于2.46亿~2.6亿年前的马达加斯加。

有称其为"虚骨龙的祖先"，因为它曾经被错误地认为是一种小型食肉恐龙（虚骨龙）的的祖先。它是已知最早的会滑翔的爬行类动物。

始虚骨龙

蛇 颈 龟

物种分类： 爬行纲→龟目→蛇颈龟科。

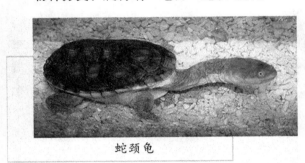
蛇颈龟

蛇颈龟分布于巴西、秘鲁、厄瓜多尔、委内瑞拉、哥伦比亚、玻利维亚，卵生，体长，背甲18～25厘米，适合于23℃～32℃之间生存。

蛇颈龟是古龟类的一科，甲壳呈圆形或心脏形；壳较厚，无腹中，甲有间喉盾或下缘盾；生存于晚侏罗纪至早白垩纪；主要分布于欧洲、亚洲，我国四川等地发现的蛇颈龟属和天府龟属均属此类。

蚓 螈

蚓螈化石

蚓螈是石炭纪、二叠纪陆地上最大的动物之一。它体长1.8米以上，头骨很大，宽阔而比较扁平，耳缺很深，有大而具迷路构造的牙齿，脊椎和四肢骨结构粗强，结构笨重，脊椎骨异常坚硬。生活习性可能像现代的鳄，出没于溪流、江河与湖泊之中，捕食鱼类及小型爬行类。与现在的两栖动物不同，这些早期的两栖动物身上多具有鳞甲。

在古生代结束后，大多数原始两栖动物灭绝，只有少数延续了下来。

似贝氏成渝龟

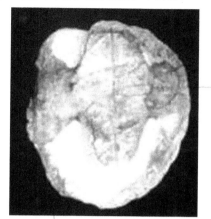

似贝氏成渝龟化石

物种分类：龟鳖目→伯仲龟亚目→隐颈龟下目→成渝龟科。

似贝氏成渝龟生存在中侏罗纪时期，四川省自贡市大山铺，属杂食性。

似贝氏成渝龟个体中等，甲壳卵圆形。主要特征是腹甲宽大，内腹甲呈长梭状；中腹甲限于腹盾之内，中部变狭。

二 齿 兽

二齿兽意指（两颗犬齿）与猪类似，是上颚有两颗巨大獠牙的草食性兽孔目动物，头骨侧下方有一个颞颥孔，出现在二叠纪晚期和三叠纪之间。化石发现于非洲南部、欧洲及我国新疆等地。

二齿兽

二齿兽是古爬行动物，属下孔类的二齿兽类。颈短，尾短，四肢粗壮有力；除上颌有巨牙一对外，口内无其他牙齿，故名；陆生，以植物为食；穴居，擅长挖洞，在沙漠地带利用地下阴凉来躲避炎热，地下洞穴处处连通，有效防止肉食兽进攻。

二齿兽头颅有许多特征预示了其后出现的哺乳类头颅。特别是它和哺乳类一样都有一个次生颈腭，这样它就可以同时咀嚼和呼吸，有利于快速消化（大多数爬虫类不咀嚼，而是大块吞咽，因此消化缓慢）。二齿兽可能具有与哺乳类相似的代谢率和大食量。它的牙分化较好，有腭骨及适于咀嚼的腭肌。虽然脑还不大，但头颅的外观几乎和哺乳类一样，预示其哺乳类后裔的脑子将增大。在其他方面，骨骼基本是爬虫类的样子（前后肢位于体侧，而不是在躯干下面），表示其姿势和步态仍为爬行式。

沧　龙

沧龙是沧龙科中第一个被命名的属。第一具可归类于沧龙的化石，是个破碎的头骨，于1766年发现在荷兰南端马斯特里赫特的一个石灰岩矿坑里发现，当时市内的建筑是使用采石场的石灰岩来建造的。1770年时，当地一个荷兰的陆军外科医生 C. L. Hoffmann 对石灰岩上的奇怪骨骼有着浓厚的兴趣，开始出钱收集这些化石。在1774年，一个状态良

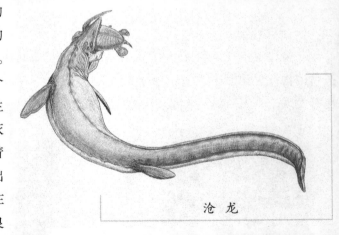

沧龙

好的头骨被发现，引起大众对于这些骨头的兴趣、争议，认为它们是大洪水时代之前的动物。数年后，法国陆军占领荷兰，化石被送到法国。法国科学家乔治·居维叶最初认为这些化石是种鳄鱼，后来认为它们是种巨型蜥蜴。在1822年，威廉·丹尼尔·科尼比尔将这个化石命名为沧龙，以流

经马斯特里赫特的默兹河为名。在 1829 年，吉迪恩·曼特尔建立种名，以发现模式标本的 C. K. Hoffman 医生为名。沧龙的模式标本目前正在巴黎自然历史博物馆展出。

沧龙的身体呈长桶状，尾巴强壮，外型类似蛇，具有高度流体力学性。沧龙的前肢具有五趾，后肢具有四趾，四肢已演化成鳍状肢，前肢大于后肢。沧龙可能借由摆动身体而在水中前进，如同现代海蛇。

古生物学家认为沧龙生活在海洋的表层，捕食鱼类、各种菊石与海龟，可能还包括其他小型的沧龙类动物。

第五章　灭绝的水生动物

白鳍豚

126

　　白鳍豚的体形呈纺锤形，身长 2～2.5 米，体重可达 200 千克以上。背呈浅灰色或蓝色，腹面为纯白色，背鳍形如一个小三角，胸鳍宛如两只手掌，尾鳍扁平，中间分叉，善于游水，时速可达 80 千米左右。由于长期生活在浑浊的江水中，白鳍豚的视听器官已经退化。它眼小如瞎子，耳孔似针眼，位于双眼后下方。但大脑特别发达，声纳系统极为灵敏，头部还有一种超声波功能，能将江面上几万米范围内的声响迅速传入脑中。一旦遇上紧急

白鳍豚

情况，便立刻潜水躲避。白鳍豚耐寒，体温通常在 36℃ 左右。

　　在长江里大约生活了 2500 万年的白鳍豚，是中新世及上新世延存至今的古老孑遗物种。白鳍豚是鲸类家族中小个体成员。由于数量奇少，白鳍豚不仅被列为中国一级保护动物，也是世界 12 种最濒危动物之一。白鳍豚又称白豚、白鳍豚、白旗，原属淡水豚科，20 世纪 70 年代末，根据中国科

学家周开亚教授的建议，单独设立了白鳍豚科，是鲸目白鳍豚科白鳍豚属的唯一种。

1980 年 1 月，湖北省嘉鱼县渔民在靠近洞庭湖口的长江边捕获世界上第一头活体雄性白鳍豚，其随即被送往位于湖北武汉的中国科学院水生生物研究所人工饲养。2002 年 7 月 14 日，这头白鳍豚死去。1986 年捕捉到

白鳍豚头部有超声波功能

一头雌性幼豚，两年半后，这头雌豚死于肺炎。

1995 年，在湖北石首江段捕到一头性成熟的雌性白鳍豚，将它放养在石首天鹅洲长江故道白鳍豚自然保护区内。1996 年夏天长江大洪水，这头白鳍豚因触网而死。

2006 年 11 月 6 日～12 月 13 日，来自中国、美国、英国、日本、德国和瑞士等 6 国近 40 名科学家，对宜昌—上海长江中下游的干流 1700 千米江段进行了考察，未发现一头白鳍豚。1997～1999 年农业部曾连续 3 年组织过对白鳍豚进行大规模的监测行动，3 年找到的白鳍豚分别是 13 头、4 头、4 头。此次考察的结果则是 0。

白鳍豚大事记：

1979 年：中国宣布白鳍豚为濒危物种

1983 年：立法规定狩猎白鳍豚乃违法

1986 年：剩余 300 头

1990 年：剩余 200 头

1997 年：少于 50 头（发现 23 头）

1998 年：发现数量只剩下 7 头
2004 年：7 月在长江南京段发现搁浅死亡的白鳍豚尸体
2006 年：0 头
2007 年：长江白鳍豚 8 月 8 日正式宣告绝种

波利尼西亚蜗牛

波利尼西亚蜗牛是一种小型的蜗牛。它体长从 10 厘米到 20 厘米，被分为 1 万个种类以上。它们栖居地是南太平洋的各个小岛上。

波利尼西亚蜗牛

南太平洋上的每个小岛就像每个星星一样，无论是动物还是植物，都独自进化着。这也是它们种类繁多的原因之一。

在法国的领土索西爱特群岛的一个叫做摩雷阿小岛上就生存着 7 个种类的蜗牛，它们有着各自不同的特征。

"为什么在相同的环境下，却进化成为不同种类?"美国的自然研究家琼·居里克带着这个疑问于 1870 年来到了摩雷阿小岛。

这个时期，英国生物学家达尔文发表了《进化论》，他受到了信仰圣经的人们对他发出的各种攻击。

居里克对摩雷阿小岛上生存的这七种蜗牛进行了详细地研究，结果发现，它们种类的不同与环境和自然淘汰毫无关系。而遗传变异是其主要原因。当他发表了这一言论后，却惹怒了相信达尔文进化论的人们。

1906 年，另一位自然研究家库·朗普通提出了与居里克相反的学说。

并来到了摩雷阿小岛。他在那里花了 50 年时间，研究种类不同的蜗牛，对它们将来走向什么样的进化历程做了详细的记录和推理。对于将来的学者来说，这些记录都是有力的检证。

然而，他提出的学说最终没有得到认可，原因还是因为一只蜗牛。索西爱特群岛上居住着法国人。法国人喜爱蜗牛也是出了名的。食用味道最为鲜美的要属大大的非洲蜗牛了。在进口非洲蜗牛的时候，偶尔会发生蜗牛逃走的事情，因为没有天

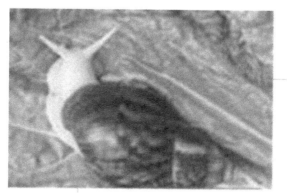

波利尼西亚蜗牛体型较小

敌，逃走的非洲蜗牛以很快的速度繁殖起来。受到非洲蜗牛侵入的摩雷阿小岛要比其它小岛晚许多，是在 1970 年了。并且，非洲蜗牛的繁殖速度快得惊人，有一家人清除了院子里的非洲蜗牛，竟然有两手推车那么多。所以不采取措施是不行。1977 年，人们从美国佛罗里达州进口一种吃蜗牛的蜗牛。然而，这种肉食蜗牛都远远地躲开了非洲蜗牛，而是把目光瞄准了波利尼西亚蜗牛。没有一丝防范意识的波利尼西亚蜗牛到 1988 年为止，终于彻底消失了。摩雷阿小岛上的极少数波利尼西亚蜗牛被当地动物园保护了起来，但只有 7 个种类的 5 种，另外 2 种已经灭绝了。

腔棘鱼

这是世界上已知最古老的鱼类，在 1930 年代被渔民捕获两条之前，都以为这种鱼已经灭绝了。科学家本来也认为腔棘鱼只生活在非洲东部，但是，1997 年，在印尼的苏拉威西岛（西里伯斯岛）发现了另一种近缘种 Latimeria menadoensis。

2007 年 5 月 16 日桑给巴尔位于东非坦桑尼亚东部一个岛上的印度洋沿

海城市，渔夫捕获一条腔棘鱼，这条腔棘鱼在一家濒海餐馆的鱼池内存活了 17 个小时。法国、日本和印度尼西亚科学家已解剖了腔棘鱼，接下来还打算对它进行基因分析。

腔棘鱼

由于这条鱼是在靠近沙滩、水深只有 105 米的地方捕获，因此科学家接下来要研究的是，印尼腔棘鱼的栖息水域是否比非洲腔棘鱼的还要浅。

腔棘鱼又称"空棘鱼"，由于脊柱中空而得名。由于科学家在白垩纪之后的地层中找不到它的踪影，因此认为这个"登陆英雄"已经告别了世间，全部灭绝了。在 1938 年，接近圣诞节的某一天，在非洲南部的科摩罗群岛附近，是南非的博物馆员玛罗丽·考特内·拉蒂莫在巡视渔民捕的鱼时发现的，受到全世界的瞩目。此鱼被推测是在约 3.5 亿年前出现，6500 万年前即已绝灭的总鳍类（有穗边鳍的同类）中的一种腔棘鱼。总鳍鱼类不但能呼吸空气，而且能使用鳍来当作脚走路，这是鱼类向两栖类进化的重要证据。在距今 4 亿年前的泥盆纪时代，腔棘鱼的祖先凭借强壮的鳍，爬上了陆地。经过一段时间的挣扎，其中的一支越来越适应陆地生活，成为真正的四足动物；而另一支在陆地上屡受挫折，又重新返回大海，并在海洋中寻找到一个安静的角落，与陆地彻底告别了。

所谓腔棘鱼，人们认为它第一次出现是在 3.5 亿年前的泥盆纪，曾经昌盛一时，分布在许多地方。但从 1 亿年前开始衰退，到 7500 万年前的中生代末期，它的踪迹便从地球上消失了，仅仅留下了化石。

鱼 龙

　　鱼龙是一种类似鱼和海豚的大型海栖爬行动物。它们生活在中生代的大多数时期，最早出现于约2.5亿年前，比恐龙稍微早一点（2.3亿年前），约9000万年前它们消失，比恐龙灭绝早约2500万年。在三叠纪中期今天还未能确定的陆栖爬行动物逐渐回到海洋中生活，演化为鱼龙，这个过程类似今天的海豚和鲸的演化过程。在侏罗纪它们分布尤其广泛。在白垩纪它们作为最高的水生食肉动物被蛇颈龙取代。

　　总的来说，鱼龙在2~4米之间（不过一些种小一些，有些种长于4米）。它的头像海豚，拥有一个长的、有齿的吻。鱼龙嘴巴长而尖，上下颌长着锥状的牙齿，整个的头骨看上去像一个三角形。像今天的鲔鱼，它的体型适于快速游泳，椎体如碟

鱼 龙

状，两边微凹，一条脊椎骨好像一串碟子被串在一条绳索上，尾椎狭长而扁平。有些鱼龙看上去适合深潜，头两侧有一对大而圆的眼睛，眼睛直径最大可达30厘米，而目前所知，现生脊椎动物中最大的眼睛是蓝鲸的眼睛，直径也才15厘米。因此鱼龙可以在光线暗淡的夜间或深海里追捕乌贼、鱼类等猎物。一些科学家估计，鱼龙可以下潜到海洋中500米的地方（藻谷亮介，2000年）。估计鱼龙的游速可以达到40千米/小时。如同今天的鲸目动物，它们呼吸空气和胎生（有些成年鱼龙的化石包含胎儿）。虽然鱼龙是爬行动物，其祖先是生蛋的，但是鱼龙本身胎生并不出奇。所有呼吸空气的海生动物不是要到海岸上生蛋（如海龟和一些海蛇），就是得直接在水中

产仔（如海豚和鲸）。由于鱼龙流线型的体型，它们相当不可能爬到岸上生蛋。

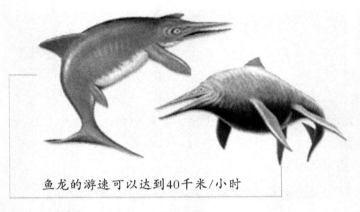

鱼龙的游速可以达到40千米/小时

关于鱼龙，还有一个有趣的故事，它是卵胎生的。我们知道，大多数爬行动物是卵生的，但有些毒蛇却是卵胎生。所谓卵胎生，即其受精卵不像卵生动物那样排出体外，靠外界环境来孵化，而是留母体之内，待发育成小动物后再产出。这种生殖方式，看上去很像胎生，但它在母体内发育时，不像胎生动物那样由母体供应营养，而主要仍靠受精卵本身的营养，只不过把卵"寄存"在母体内孵化而已，实质上仍还属卵生。有报导说，国外曾在一鱼龙化石体内发现有小鱼龙的胚胎，甚至还发现1条母鱼龙和7条小鱼龙在一起的化石群。这7条小鱼龙有的位于大鱼龙体外，有的竟还保存在大鱼龙的腹腔中。可能，这条母鱼龙是正在生产时死亡的。

我国除西藏外，还在安徽、贵州发现过鱼龙化石。安徽的鱼龙比较原始，时代也较早，为早三叠纪，距今约2.2亿年前。它的发现，把鱼龙类中三叠纪的记录，向前推进了1000多万年。

三 叶 虫

从背部看去三叶虫为卵形或椭圆形，成虫的长为3～10厘米，宽为1～3厘米。小型的长6毫米以下。三叶虫体外包有一层外壳，坚硬的外壳为背壳及其向腹面延伸的腹部边缘。腹面的节肢为几丁质，其他部分都被柔软的薄膜所掩盖。一般所采到的三叶虫化石都是背壳。三叶虫背壳的中间部分称为轴部或中轴，左、右两侧称为肋叶或肋部。三叶虫壳面光滑。或有陷孔、瘤包、斑点、放射形线纹、同心圆线纹、短刺等。头部多数被两条背沟纵分为三叶，中间隆起的部分为头鞍及颈环，两侧为颊部，眼位于颊部。颊部为面线所穿过，两面线之间的内侧部分统称为头盖，两侧部分称为活动颊或自由颊。

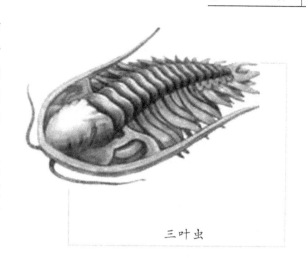

三叶虫

胸部由若干胸节组成，形状不一，成虫2～40节。中间部分为中轴，两侧称为肋部。每个肋节上具肋沟，两肋节间为间肋沟。尾部是由若干体节互相融合而形成的，1～30节以上不等。形状一般为半圆形，但变化很大，可分为一中轴和两肋部。肋部分节，有肋沟和间肋沟。肋部可具边缘，边缘上亦常有边缘刺。三叶虫腹面的节肢极少保存为化石，迄今为止全世界已发现节肢化石的只有19个种。

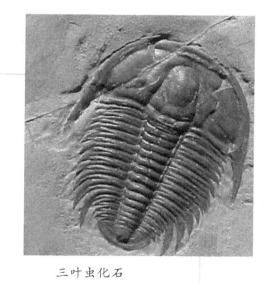

三叶虫化石

从奥陶纪到泥盆纪末的一些三叶虫（比如裂肋三叶虫目）进化出了非常巧妙的脊椎似的结构。在摩洛哥就发现了这样的化石。此外在俄罗斯西部、美国俄克拉何马州以及加拿大安大略省也有带脊椎结构的化石被发现。这种脊椎结构可能是对于鱼的出现的一种抵抗反应。

利兹鱼

利兹鱼是身长 20 米的巨型鱼，是侏罗纪时期的鱼类，可用大嘴过滤水中的浮游生物。它是以业余化石收集者艾弗列利斯的名字命名。艾弗列利斯在英国彼得布鲁附近的土石矿场发现它的遗骸。

利兹鱼

利兹鱼生存于晚侏罗纪 1.65 亿 ~ 1.55 亿年前，以食肉为主。

利兹鱼是一种巨大的鱼，能使海洋中所有其它动物都显得矮小，但它是一位温和的巨人，靠小虾、水母和小鱼这些浮游动物过活的。它可以缓慢地游过大洋的上层水体，吸入满满一口富含浮游生物的水，然后通过嘴后部巨大的网板把它们筛出来。它的进食习惯类似于现代的蓝鲸，蓝鲸也只靠浮游生物过活。它们可以作长距离的旅行，寻找世界的某个地区，在那里有浮游生物因季节原因聚集成一大团浓稠的"营养汤"。利兹鱼所生活的侏罗纪的海洋仍是一个危险的地方，尽管它身躯庞大，却没有专门防御措施抵御掠食者，比如滑齿龙和地栖鳄。

龙 王 鲸

龙王鲸是龙王鲸科中的一个属，生存于 3900 万 ~ 3400 万年前的始新世晚期。龙王鲸的化石第一次是在美国路易斯安纳州被发现的，刚开始被误认为是巨大的海洋爬虫类，古生物学家从埃及与巴基斯坦发现的化石中辨认出至少存在 2 个其他的种。

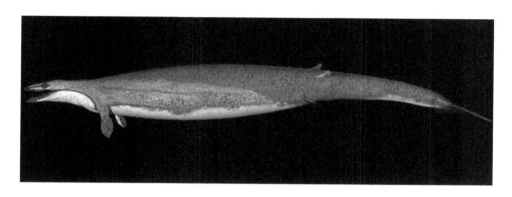

龙王鲸

龙王鲸平均身长为 18 米，而且拥有比现代鲸鱼更为修长的身体。古生物学家对于它们已经退化的短小后肢是非常感兴趣的。龙王鲸也是密西西比州与阿拉巴马州的州化石。

在 19 世纪早期的路易斯安纳州与阿拉巴马州，龙王鲸的化石是相当常见的，因此它们经常被当成家具的原料。后来一具龙王鲸的脊椎骨被一位鉴赏家送到了美国哲学会，因为他担心化石被当地人破坏。这具化石最后流入了解剖学家理察德·哈伦博士的手中，他宣称这是一具爬虫类化石，并命名为 Basilosaurus，意即帝王蜥蜴。而当英国的解剖学家理察德·欧文研究了脊椎骨、颚部的碎片、前肢与后来发现的肋骨化石后，他宣布这是一种哺乳类生物。欧文提议将它重新命名为 Zeuglodon Cetoides，现在变成龙王鲸的一个同物异名。虽然这个名称被很多人认为是比较恰当的，但是依照惯例，必须使用第一次公布的名称。

在 1845 年，亚伯特·寇区得知在阿拉巴马州发现的巨大骨头，后来被拼成了一具完整的骨骼的故事。他后来拼凑出一具长 114 英尺的"大海蛇"骨骼，并且让它在纽约与欧洲来公开展览。这具所谓的"大海蛇"骨骼最后被发现其实是 5 具不同个体的骨骼所组成的，其中有一些并不是龙王鲸，这些骨骼最后毁于 1871 年的芝加哥大火。

滑齿龙

　　滑齿龙意思是"平滑侧边牙齿"，是一种大型、肉食性海生爬行动物，属于蛇颈龙目里短颈部的上龙亚目。滑齿龙生存于中侏罗纪的卡洛夫阶，距今约 1.6 亿年前 ~ 1.55 亿年前。

滑齿龙

　　关于滑齿龙的最大尺寸有些争议。大多数滑齿龙的化石显示它们可长到 7 ~ 10 米。然而与它们的近亲克柔龙相比，不确定现存滑齿龙的重建是否正确。英国的化石证据显示当时的上龙类可长达 18 米或者更长，但这些化石因为过分零碎而不能确定是否属于滑齿龙或其他相关属。牛津大学自然历史博物馆的一个展示中的下颚，被估计长度为 3 米，被认为属于 L. Cromerus。有未证实的消息指出，在多塞特郡海岸发现一个巨型上龙类的长下颚，长达 4 米。

　　BBC 片中滑齿龙是一头真正的庞然大物——一头老年雄性滑齿龙身长 25 米，重 150 吨。随着节目的首次播映，这个体型在古生物学界引起了广泛争议，因为没有古生物学家认为滑齿龙真的能长这么大。

136

邓 氏 鱼

邓氏鱼的外貌，给人以异常凶猛的感觉。强壮的类似于<u>鲨鱼</u>的纺锤形的身躯更接近现代鱼类的体形。头部与颈部覆盖着厚重且坚硬的外骨骼。虽然是肉食性鱼类，但无牙，代替牙的是位于吻部的头甲赘生，如铡刀一般，非常锐利，能切断、粉碎任何东西。色素细胞显示，邓氏鱼背部颜色较深，腹部呈银色。其体长 10 米左右，体重约 4 吨。

邓氏鱼

为了精确地计算出邓氏鱼的咬合力，生物学家对邓氏鱼的化石骨骼的肌肉组织进行复原，并制作了一个生物力学模型来模拟它的撕咬和运动，来验证其是否是地球上有史以来最有力的撕咬者。在研究过程中，生物学家还对邓氏鱼的化石进行了颌骨的肌肉复原。他们惊奇地发现，邓氏鱼的口腔机能非常独特，它依靠四个关节活动时产生的力量进行撕咬。这种独特的机能不仅可以产生极大的咬合力，还可以使得邓氏鱼以极快的速度来撕咬猎物。

研究邓氏鱼的安德森博士说："这项研究表明，在我们研究动物化石的过程中，机械工程学原理是多么的重要。我们事实上不可能看到这些动物进食或者撕咬，但我们通过检测这些保存的化石并将它们复原，来合理推测这些动物当时可能的行为。"

矛尾鱼

矛尾鱼生活在南部非洲东南沿海，体粗大，延长，长 1.5～2 米，最重 1 尾有 95 千克，体长 1.8 米，蓝色。下颌下部具有两大骨板，有颈板。体被大圆鳞。背鳍 2 个，偶鳍长，并具有肉叶，外有鳞片，内骨骼的排列近似陆生脊椎动物的肢骨。有 8 个肉质的鳍，胸鳍和下侧的第二对鳍特别发达，而且能做出各种姿势，有时还出现陆生四足动物的动作。矛尾鱼的这种奇特行为，为陆生动物的四肢由鳍演变而来的理论提供了较有力的证据。尾鳍中间叶状突出呈矛状，故称

矛尾鱼

矛尾鱼。人们曾解剖了一条全长 1.6 米、捕捞时出水重量为 65 千克的雌性矛尾鱼，发现在它的右侧输卵管内有 5 条平均 30 厘米长的带卵黄囊的幼鱼，证明了它是卵胎生的。它口内有齿，肉食性；栖息在 200～400 米的深海中；能用鳔呼吸。

近两年，矛尾鱼的数量有所减少，主要是由于当地渔民在沿岸附近海域捕鱼时误将矛尾鱼钩住。其实，矛尾鱼根本无法食用，它散发浓重的鱼油气味不仅令人倒胃，吃了还会引起胃病。渔民们讲，矛尾鱼唯一有用的东西就是坚硬的鳞片，可以取代日常生活中的砂纸。

其同族早已灭绝，唯有它幸存至今，是世界上仍存活的最古老的脊椎动物，对研究生物的演化有着重要意义，所以有"活化石"之称。

海 蟒

一种已灭绝的海洋蜥蜴——海蟒。

大部分海蟒都比隆脊蛇体型小些，但这一亚目中最有名的沧龙却是大块头的海中怪兽，仅颚部就有 3 英尺长。这个种群后来繁衍下来，其现代成员包括巨蜥、印尼巨蜥等。

海蟒复原图

早在一个多世纪以前，美国古生物学家爱德华·D·库坡就曾提出蛇和海蟒之间存在进化关联的假说，但科学家们都持反对态度。当时像现在一样，通常的观念是认为蛇可能是从穴蜥中进化出来的，是穴蜥四肢退化以便于地下生活的结果。当时已知最古老的蛇是一些穴居者，如盲蛇。

不过，古生物学家们还是愿意接受远古的蛇有附肢的观点的，毕竟在现存的蟒蛇身上还能现出后肢退化的遗迹。然而，还是有很多古生物学家对蛇的海洋起源观点表示很惊讶。

考德威尔博士在接受采访时说，这些证据验证了库坡先前提出的假说，即蛇起源于海洋环境，这种解释和那种把蛇和穴蜥联系起来的假说比起来，有着大得多的说服力。但他也强调说，蛇和海蟒的进化关联目前还不是很清晰。他说："所有现代尚存的蛇和化石蛇都有一个海蟒的共祖，但我们不了解那是在什么时代的事，至于蛇在什么时候脱掉了它们的后肢，就有待人们去发现了。"

弗雷泽博士虽然预见到蛇与海蟒存在进化关联的结论会引起争议，他还是说："我认为这一观点最终是会被证实为正确的。"他说，当然，这有待于获得更多的证据，有待对早期的蛇和它们的现代亲属海蟒进行对比研究。

鸭嘴龙

鸭嘴龙为一类较大型的鸟臀类恐龙，最大的有 15 米多长。是白垩纪后期鸟盘目草食性恐龙家族中的一员。它们的腿部有三根趾头，后腿长而有力，前腿则较小且无力。鸭嘴龙许多种类的最大特征就是头上密布的冠饰。鸭嘴龙的吻部由于前上颌骨和前齿骨的延伸和横向扩展，构成了宽阔的鸭状吻端，故名。所有鸭嘴龙的头骨皆显高，其枕部宽大，面部加长，前上颌骨和鼻骨也前后伸长，嘴部宽扁，外鼻孔斜长。特化的前上颌骨和鼻骨构成明显的嵴突，形成角状突起。下颌骨上的齿骨和上隅骨形成的冠状突很发育，后部反关节突显著。上下颌齿列复排，每个额

鸭嘴龙化石

骨上有 45 ~ 60 个牙齿皆垂直复叠。珐琅质只在牙齿一侧发育。颈椎 15 个，背椎 13 ~ 15 个，荐椎 8 ~ 11 个，尾椎较多，其确切数目，因个体而异。颈椎和背椎椎体为后凹型，背椎神经弧较高，尾椎侧扁，其神经棘和脉弧皆很发达。肠骨的前突平缓，后突宽大，耻骨前突扩展成桨状，棒状坐骨突几乎成垂直状态，有的个体的坐骨远端也扩大。前肢短于后肢，肱骨为股骨的 1/2 长，桡骨与肱骨等长，前足的第二、三、四指较第一、五指发育，前足的各连接面粗糙。胫骨短于股骨，后足的第一指消失或仅有残迹，而第五指完全消失，第三跖骨较长，后足已发育成鸟脚状。另外，前后足各

指皆有爪蹄状末趾。

鸭嘴龙复原图

鸭嘴龙是鸟脚类恐龙最进步的一大类。在亚洲及北美洲等地，晚白垩世的鸭嘴龙化石到处都有发现。鸭嘴龙类可分为两大类群：一是头顶光平，头骨构造为正常的平头类；另一类是头上有各种形状的棘或棒型突起，鼻骨或额骨变化较多的栉龙类，如拟栉龙。除此以外，还有变化不大、较原始的鸭嘴龙及前颌骨和鼻骨特化成盔状的鸭嘴龙。

鸭嘴龙主要以柔软植物、藻类或软体动物为食。平时是四足行走，但在遇到敌害时会用两足奔跑。前足各指之间有蹼，以利水中运动。

发现于中国山东莱阳的棘鼻青岛龙高 5 米、长 7 米，鼻骨上有一条长棘，棘中空与鼻腔相通。它可能用于储藏空气，以延长潜水时间；也可能用于自卫或排除水面障碍物。青岛龙是有顶饰的鸭嘴龙类。

在中国除山东外，内蒙古、宁夏、黑龙江、新疆、四川等地均曾发现不少鸭嘴龙化石。

恐　鱼

恐鱼

恐鱼是盾皮鱼纲、节颈鱼目的典型代表。它可长达 12 米多，嘴张开时有 1 米多宽，比现在的鲨鱼还要大还要凶狠。从化石来看，其上下颌可自由活动，颌骨非常强壮，牙齿尖锐锋利，可见当时的动物只要被它捉到，就不可能生还。我国四川江油出土过 1 米多长的一种恐鱼。

裂 口 鲨

裂口鲨

物种分类：软骨鱼纲 → 裂口鲨目。

裂口鲨是最原始的软骨鱼类的代表，它们的最完整的化石发现于美国伊利湖南岸晚泥盆世的格利夫兰黑色页岩中。有趣的是，现代鲨鱼的口通常都是横裂缝状的，而裂口鲨的口却是直裂缝的。裂口鲨的上颌骨由两个关节连接在颅骨上，一个是眶后关节，紧挨在眼眶后面；另一个则位于头骨后部，在这里颅骨与舌颌骨背部的连接杆相连。这样的上颌与颅骨的连接方式叫做双连接，是相当原始的连接方式。裂口鲨的牙齿中间有一个高齿尖，其两侧各有一个低齿尖，许多古老的软骨鱼类的牙齿都是这样的结构。

裂口鲨的结构在许多方面都代表了软骨鱼类中原始的模式，可以认为它接近于软骨鱼类进化系统主干线的基点，后期的鲨类可能就是从这里出发沿着各自的进化方向发展出来的。

我国云南沾益石炭纪地层中发现过裂口鲨的牙齿化石。

太 陆 鲨

太陆鲨化石

物种分类：脊椎动物→软骨鱼类。

太陆鲨出现于二叠纪早期，灭绝于二叠纪中期。

太陆鲨是生活于中等水深中的肉食性动物。太陆鲨的前齿形成一个螺旋，约有180多颗，每个单齿由根部上直立的三角形冠组成。

太陆鲨与其他鲨鱼最显著的区别是，即使太陆鲨长

143

出新的牙齿后，老牙齿也一直保留。旧齿位于和下颌连接的空腔内。

粒 骨 鱼

物种分类：节甲鱼目→粒骨鱼科。

生存于欧洲、北美洲，泥盆纪中期至晚期，主要以肉食为主。

粒骨鱼身长40厘米，有着宽阔扁平的头颅，眼位于两侧的前方。强健有力并微张的颚没有真正的

粒骨鱼

齿，但有骨质锐利的尖牙，随着使用而被磨损。粒骨鱼生活在淡水湖中。

鳐 鱼

鳐鱼

鳐鱼是多种扁体软骨鱼的统称。它分布于全世界大部分水区，从热带到近北极水域，从浅海到2700米以下的深水处。共9属，分3科。鳐鱼体呈圆或菱形，胸鳍宽大，由吻端扩伸到细长的尾根部；有些种类具有尖吻，由颅部突出的喙软骨形成。体单色或具有花纹，多数种类脊部有硬刺或棘状结构，有些尾部内有发电能力不强的发电器官。就现在所知，全部鳐类鱼均为卵生，其卵又称"美人鱼的荷包"，常见于海滩，长方形，有革质壳保护。鳐鱼体型大小各异：小鳐成体仅50厘米；大鳐可长达2.5米。鳐鱼无害，底栖，常常是部分埋于水底沙中。游动时靠胸鳍作优美的波浪状摆动前进。以软体动物、甲壳类和鱼类为食，由上面突然下冲，扑捕猎物。

1.8亿年前，鳐鱼是鲨鱼的同类，但为了适应海底生活，长期将身体藏在海底沙地里，便慢慢进化成现在模样。

鳐鱼身体周围长着一圈扇子一样的胸鳍，尾鳍退化，像一根又细又长的鞭子，靠胸鳍波浪般的运动向前进。鳐鱼平时隐藏在沙里，一旦二枚贝、螃蟹和虾等接近，则突然进攻。它们的牙齿像石臼，能磨碎任何东西，背部长着一根剧毒的红色刺，人被刺到会死亡。它的头和身体直接连接，没有脖子。

异 索 兽

异索兽所在的这个类群的生存时间仅限于中新世，到中新世晚期，这个类群就灭绝了。海象科也是一个衰落的类群，在史前时代特别是中新世

异索兽

晚期和上新世曾经发现过很多种类，而仅仅有一种幸存到了现代。相反，海狮类科则是比较现代的类群，特别是其中的海狗类，虽然种类繁多、分布广泛，但是不同种类差异并不是很大，表明其辐射分化的

比较晚。现存的鳍脚类分布遍及从北极到南极的各个海域，甚至在一些内陆湖泊中也能见到。鳍脚类的分布地区可以划分成南北两部分，不过这两部分并不和南北半球相吻合，其分界线在北半球的亚热带地区一带，南方类型在北半球的亚热带地区开始占据主导地位，而再往北则是北方类型占主导地位。

械 齿 鲸

第一个械齿鲸化石是在美国的路易斯安那发现的，但很快地在埃及的法扬沉积层也找到保存了为数众多的其他种类。这种早期鲸类找到了数量众多的化石。它在非洲、欧洲与北美的温暖浅海必然很常见。它们的骨骼也提醒人们其陆地动物的祖先：一双小脚。

在埃及的沙漠，有个鲸类骨骸自沙中蚀出的奇怪地方。"鲸之谷"是一

械齿鲸化石

个浅滩的化石遗迹，在 3600 万年前，鲸类常游近这里的岸边。械齿鲸就是此地所发现的两种鲸类之一。械齿鲸的骨骸显示它的确有个很长的身体。事实上，当它首次被发现时，还被误认为是某种海蛇（所以它才会有个意指"蜥蜴王"的英文名字）。虽然埃及的化石并不常得到良好的保存，但最近在一个械齿鲸化石的胸腔找到一团鱼化石。这似乎是它胃内的东西，其中包括几种不同的鱼类骨骸，以及一只 50 厘米长的鲨鱼。

晚始新世温暖的沿岸水域非常像现代的热带海洋，除了一个重要的不同：那里是巨大的早期鲸鱼械齿鲸的家。械齿鲸是第一种巨型鲸鱼。它们那巨大的身躯意味着它们需要大量的食物维持肌体，人们猜想大多数械齿鲸终日悠游在浅海，寻找潜在的猎物。械齿鲸不是一种十分挑剔的掠食者，鱼、鲨鱼、乌贼、海龟和其他海洋哺乳动物都在它的食谱上。械齿鲸可以用它敏锐的视力和听力寻找和抓住猎物。像现代的鲸鱼一样，械齿鲸是呼吸空气的，它不能长时间地待在水下。械齿鲸的鼻孔不是生在头顶的，所以当它上浮的时候必须把鼻子的顶部抬离水面。

海 王 龙

海王龙属于沧龙类，是一种巨大的肉食性动物。它们是游泳健将，四肢变成桨状的鳍脚，头较大，具有长而尖的嘴，嘴里长满尖利的牙齿，颈部极短，身体细长，体长大约 12 米，体重约 10 吨。尤为突出的是，它们有一条约占身体长度 1/2 的长形桨状大尾，是快速游泳的强力推进器。

海王龙是一种巨大的肉食性动物

海王龙生活在白垩纪晚期的海洋中，以鱼类、海龟和长脖子的蛇颈龙类为食。一旦发现猎物，便猛追不舍，直到咬住为止。由于它们的游泳速度极快，即使是非常善于游泳的肉食性鱼类也难逃被捕食的厄运。

薄 片 龙

薄片龙生活在白垩纪晚期，距今 8500 万 ~ 6500 万年前，分布在北美洲，它的典型体长为 15 米，推测体重为 2 吨左右。

薄片龙是一种样子古怪的蛇颈龙，活像长着超长脖子的侏儒一般。薄片龙就是利用这条脖子，远远地对猎物进行偷袭而不必担心自己被猎物发现。它们悄悄地等待时机，然后闪电般弹起脖子咬住猎物。虽然薄片龙身材巨大，但它们脑袋很小，因此不可能对大猎物发起攻击。薄片龙终生住在水里，靠捕鱼为生。它们常去海床底部搜寻小鹅卵石吞食，这样不仅可以帮助胃部研磨食物，而且还增加了压舱物以便游泳。薄片龙往往要长途跋涉以寻找伴侣和繁殖地，而且还有证据显示它们会抚养幼崽直到能自力更生为止。

薄片龙是一种生活在海洋中的爬行动物。它有个很长的脖子。它的四个鳍状肢看起来就像划桨一样。薄片龙长着小脑袋，锋利的牙齿和尖尖的尾巴。薄片龙游泳时像海龟一样慢。有推测它有时候会上到沙滩，是为了繁殖后代。

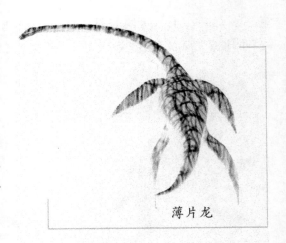
薄片龙

蛇颈龙

蛇颈龙是海中爬虫类的一种，海中爬虫类包括了海洋鳄鱼和鱼龙。它们由陆上生物演化而来，再回到海洋中生活。这些中型的爬虫类活在三叠纪到白垩纪晚期。它们必须生活在干净的水域中，主要以食用鱼类为生。化石证实它们较常出现在海洋环境中，除了鹦鹉螺之外也吃鱼类。

蛇颈龙属于爬行纲的调孔亚纲，是一类适应浅水环境中生活的类群，从三叠纪晚期开始出现，到侏罗纪已遍布世界各地，白垩纪末灭绝。

蛇颈龙

蛇颈龙的外形像一条蛇穿过一个乌龟壳：头小，颈长，躯干像乌龟，尾巴短。头虽然偏小，但口很大，口内长有很多细长的锥形牙齿，捕鱼为生。许多种类的身体非常庞大，长达 11 ～ 15 米，个别种类达 18 米。四肢特化为适于划水的肉质鳍脚，使蛇颈龙既能在水中往来自如，又能爬上岸来休息或产卵繁殖后代。蛇颈龙类可根据它们颈部的长短分为长颈型蛇颈龙和短颈型蛇颈龙两类。

哈 那 鲨

哈那鲨地方名：花七鳃鲨、六鳃鲨，学名：油夷鲛。分布在全世界的温带海域。

哈那鲨成鱼体长 2～3 米。鳃孔 7 个，头宽扁，吻广圆，眼侧位，喷水孔细小，口宽大，弧形。上颌无正中牙，每侧 6 牙，细长外斜，外缘具 1～3 小齿头；下颌具 1 正中牙，每侧 6 牙，宽扁梳状，

哈那鲨

具 5～6 齿头，第三齿头最大 ，其余较小 。背鳍 1 个，后位；尾鳍长，尾椎轴低平；臀鳍小；腹鳍约与背鳍等大；胸鳍较大，后缘微凹，外角钝尖。体灰褐色，具不规则暗色斑点。它分布于地中海、印度洋及太平洋西北部各海区。栖息近海底层，游泳缓慢，性凶猛，主食中 、小型鱼类及甲壳动物 。卵胎生，据记载一次可产多达 80 尾。在黄海产量较大，为渔业捕捞对象之一。皮可制革，肝含油量达 65% ～70% ，是提取鱼肝油的好原料。

扁头哈那鲨是六鳃鲨科中最常见的一种。不像它的大多数喜欢栖息在深水的近亲，扁头哈那鲨更愿意生活在沿海的浅水中。它是一种令人印象

深刻的食腐动物，不加区别地进食各种各样的东西，从腐肉到其他的鲨鱼和海豹，并且对游泳者和潜水员有攻击行为。

扁头哈那鲨生活在沿海的浅水中

150

噬人鲨

噬人鲨亦称食人鲨，是鲭鲨科白鲨或真鲨科尼加拉瓜湖鲨等两种危险性鲨鱼的通称。

噬人鲨

噬人鲨广泛分布于热带、亚热带和温带海洋。噬人鲨生活在温暖的海洋里，在蕴藏有哺乳动物化石的海洋沉积岩中，它的牙齿最多，而这些哺乳动物很可能就是它的猎物。我国见于广东沿海。

噬人鲨是鲨鱼已经灭绝的祖先，它的特征是有结构厚实的牙齿，并长有小锯齿的嚼咬边缘。它长大约13米，是地球上是最大的食肉动物之一。像刀片般锋利的齿冠为三角形，其侧面或有或无小牙尖，根部厚实，没有供养凹槽；上颚约有 24 颗齿，下颚约有 20 颗齿。噬人鲨是鲨鱼家族中最早、也是最大的，侧面没有小牙尖。噬人鲨习性凶猛，在被钓捕或受枪击时，挣扎猛烈，有袭击渔船和噬人的记录。大者长达 12 米，普通者长 6 ~ 8 米。捕食各种大型动物，也吞食大量小型鱼类和头足类；中国沿海常捕到 1 米左右的幼鱼。

走 鲸

走鲸别名陆行鲸、游走鲸；它体长 3 米，体重 300 千克，以肉食为主；生存于巴基斯坦 4900 万 ~ 5000 万年前；属于哺乳类，早期鲸类。

尽管走鲸看起来像是覆有皮毛的鳄鱼，但它实际上是早期的鲸类。它游泳的样子有点像水獭，而陆上的行动笨拙有如海狮。它具有强有力的双颚，以便牢牢咬住水底的猎物，直到猎物溺毙。

走 鲸

走鲸的名字泄露了它早期的祖先，这个字意指"步行的鲸鱼"。走鲸的化石在巴基斯坦附近发现，这个地带在始新世期间是欧洲大森林的边缘。它的身体很像水獭或鳄鱼，而且水陆两地都能活动。但是，它可能不像水獭那样灵活敏捷，而且古生物学家认为，它猎食的方式更像是鳄鱼伏击，然后利用它巨大有力的牙齿把挣扎的猎物压制在水中，直到它们溺毙。

多鳃鱼

多鳃鱼

多鳃鱼生存在晚志留世至早泥盆世，生活在各地海洋。

多鳃鱼背甲呈椭圆形；胸角呈翼状，胸角末端与背棘末端大致在一水平线上；头甲背缘中央向后突伸为背棘，其两侧向内凹进；口孔背位，靠前，椭圆形；眼孔侧位；松果孔甚小。每侧有各自独立的外鳃孔 11 个；主侧沟前部近眼孔处分属于眶下沟；眶上沟呈 V 形；主侧沟尚有 4~5 对横枝；甲片表面具星状突起斑纹。

多鳃鱼是甲胄鱼中绝灭了的一支，它没有后代留传下来。

栅 鱼

"栅鱼"为"倾斜的鱼"含义，因为它的背上有倾斜的棘刺。它生存于 4.38 亿~33.9 亿年前，主要生活在亚洲、欧洲、北美洲；体长为 7.5 厘米，看起来像小鲨鱼，体表覆盖坚硬的鳞，背腹部都有尖利的棘刺支持鳍。

栅鱼

拉多廷鱼

　　"拉多廷鱼"是以化石产地捷克共和国布拉格附近的拉多廷镇命名。它体长30厘米，生存在4.08亿~3.85亿年前的捷克共和国。它属于小型鱼类，体扁平，鳍宽，具盔甲，有些像现代的鳐鱼。

盾 头 鱼

　　盾头鱼，它以肉食为主；生存在泥盆纪早期；主要分布在欧洲。

　　盾头鱼是很小的淡水鱼，长有骨质背部头甲，相互交叠的鳞覆盖身体的其它部分。眼位于顶部，靠近中线，而嘴位于下部。多边形骨板的中间背部区和两边侧区是感觉区。盾头鱼生活在淡水塘或溪流里。

盾头鱼化石

沟 鳞 鱼

　　沟鳞鱼是生活在泥盆纪沿海和河道口的一种盾皮鱼。头部和胸部的外面，套着一个和蟹壳有些相像的小壳。这个小壳是由许多块小骨板合成的，上面有弯曲的细沟。沟鳞鱼没有真正的鳍，仅在胸部长有一对套着硬壳的"翅膀"。在欧洲、美洲和亚洲的泥盆纪地层中，都发现有沟鳞鱼的化石。

中国的华南泥盆纪地层也富含沟鳞鱼化石。

沟鳞鱼

沟鳞鱼是古鱼类，属服甲鱼类，星鳞鱼目。头甲六边形，眶孔中位。后松果片小，与侧片之间为中颈片所隔开。后侧片与后背侧片愈合为复合侧片。胸鳍分为两节，中间有关节相连，向后超过躯甲长度。头甲和躯甲背壁各具一V形感觉沟。在世界各地分布极广。它出现于中泥盆世，至泥盆纪末绝灭。化石在我国湖南、云南、广东等地都有发现。

海 鲢

海鲢俗称新鳍鱼，生活于热带海域，栖息于沿岸砂底。幼鱼会经狭首鱼期的柳叶形变态，此时全身透明，常浮游于沿岸沙泥底的浅水域及河口区。成鱼为外洋性的洄游鱼类，产浮性卵于大洋。泳速快，性凶猛且贪食。肉食性，以小鱼为主。

海 鲢

154

海鲢的身体很强劲，并长有带凹口的异形尾须状尾

　　海鲢属海鲢目海鲢科与北梭鱼及大海鲢近缘的热带海产鱼。体细长，状似狗鱼，被银色细鳞，具沟槽，背鳍与臀鳍可平伏其中。肉食性。牙小而尖锐，腭下具喉板，体长达 90 厘米，重达 13.6 千克。幼体透明，如鳗。Ladyfish 一名有时也用于其他海鱼，如北梭鱼。隆头鱼科的红普提鱼也叫 Spanish ladyfish。

　　海鲢的身体很强劲，并长有带凹口的异形尾须状尾。骨盆鳍退化了很多，而镰刀状的胸鳍则增长了许多。它是开阔海里游动很快的食肉动物，生活在浅海里。

第六章　灭绝的植物

辽宁古果

辽宁古果为古果科，包括辽宁古果和中华古果，它们的生存年代为距今 1.45 亿年的中生代，比以往发现的被子植物早 1500 万年，被国际古生物学界认为是迄今最早的被子植物，就此为全世界的有花植物起源于我国辽宁西部的说法提供了有力的证据。从辽宁古果化石表面上看，化石保存完好，形态特征清晰可见。

辽宁古果复原图

辽宁古果化石标本是辽西热河生物群的重要组成部分。在这里采集到的化石种类已经接近 20 个门类，专家认为它们数量繁多、保存精美，实是一个世界级的古生物宝库。

提起寻觅"辽宁古果"的过程，时间还要追溯到上个世纪。1990 年的夏天，孙革、郑少林等科学家在黑龙江鸡西地区发现了距今约 1.3 亿年的被子植物的化石。孙革教授从中分析出了 13 粒原位的被子植物花粉。美国著名孢粉学家布莱纳教授认为这就是"全球最早的被子植物花粉",当时世界许多科学家认为,中国已经找到了打开达尔文迷宫的钥匙。在从 1990 ~ 1996 年前后 6 年的时间里,孙革、郑少林等科学家在辽西留下了无数探索的足迹,洒下了很多艰辛的汗水,先后采集了 600 多块植物化石,从中发现了一些类似在蒙古发现的"似被子植物",但真正可靠的被子植物还没能发现。

1997 年的初春,课题组再征辽西,到达了发现化石的辽宁北票黄半吉沟。他们先后共采集到了 1000 多块化石,并从中发现了 8 块辽宁古果化石。

中华古果

中华古果是所有花果谷物的祖先。早在 1.45 亿年前盛开在中国辽西地区的"世界最早的花"—— 辽宁古果、中华古果,新近被确认属于迄今最古老的被子植物(有花植物)新类群——古果科。这种被子植物的形态特征较之它的时代更令人惊奇。按植物学界传统理论,被子植物是从类似于现生木兰植物的一类灌木演化而来的,然而,中华古果却是一种小的、细嫩的水生植物,更像是草本植物。这种被子植物虽具有花的繁殖器官,却没有色彩夺目的花瓣。

这一重大发现是全球被子植物起源与早期演化研究的新突破。2002 年 5 月 7 日出版的美国《科学》杂志,以封面文章的重要位置,刊登了这项成果的领衔科学家、吉林大学孙革教授和中国地质学院季强研究员等人的论文。

中华古果

鳞 木

鳞木复原图

石松中已绝灭的鳞木目中最有代表性的一属。它出现于石炭二叠纪，乔木状，是石炭二叠纪重要的成煤原始物料。树干粗直，高可达 38 米以上，茎部直径可达 2 米。枝条多次二歧分枝，形成宽广的树冠。叶螺旋排列，线形或锥形，具单脉。叶的基部自茎面膨大突出，当叶脱落后在其表面留下排列规则如鱼鳞状叶座。叶座绝大多数作纵菱形或纺锤形，呈螺旋状排列。叶痕作横菱形或斜方形，中央有一个很小的维管束痕，两侧各有一通气道痕。叶痕的上面有一个很小的叶舌穴，中柱在茎的直径中仅占一小部分，而皮层部分却很厚，显然，它们的输导与支持功能是分开的。茎干的基部为根座，也作二叉分枝状。根自根座四周生出。孢子叶聚集成孢子叶球，着生于小枝顶端。每个孢子叶的腹面（即上面）有一孢子囊。

芦 木

芦木是古植物，属木贼纲。乔木状，高可达 30 米。茎有节，节间具纵脊和纵沟，上下节的纵脊交互排列。叶线形或披针形，具单脉，轮生于节上。茎中间有一很大的髓部。生存于早石炭世至晚二叠世。发现的化石多数是髓部的印模，通称"髓部石核"或"髓模"。

芦木是楔叶植物化石的一属。木本，高可达20～30米，常保存为茎髓部的内模。或内核化石茎分节，节和节间分明，节间具纵脊和纵沟，脊宽而平，相邻节间的脊和沟常为交互排列。有时在节的下面具节下管痕。中石炭世至二叠纪，分布于世界各地。中国常见于中、下石炭统和二叠系。

芦 木

封 印 木

石松类中已绝灭的鳞木目的一属，出现于石炭纪、二叠纪，乔木状，常与鳞木和芦木等共同繁殖在热带沼泽地区形成森林。本属植物的树干粗直，高可达30米，分枝比鳞木属植物少，仅在顶部作二歧式分枝1～3次或全不分枝。叶线形，长可达1米，具单脉。叶座通常排列成直行，上下靠紧，左右交错，多呈规则的蜂窝形；有时叶座不明显，其侧边常上下相连成明显的纵脊。叶痕较大，常占叶座面积的1/3以上，六边形、钟形、凸镜形或扁圆形，位于叶座中央或两纵脊之间。叶痕内纵管束痕作圆形或椭圆形，一般比侧痕小。侧痕作新月形或纵卵形。此三痕常位于叶痕侧角连线以上。叶舌穴常位于叶痕的顶角或更高处，一般不明显。茎干的基部为根座，类似根，也作二叉分枝状。根自根座四周生出。茎和根座的结构与鳞木相似，都具有很厚的皮层，比较细弱的中柱和

封印木复原图

根发育的次生组织。孢子叶聚集成孢子叶球，以长柄着生于树干分叉处的上部。每个孢子叶的腋部有一孢子囊。孢子囊有大小两种：小孢子囊内含很多小孢子；大孢子囊内通常含 12 个大孢子。

裸 蕨

裸蕨是已绝灭的最古老的陆生植物。裸蕨已绝灭的最古老的陆生植物，在距今约 4 亿年前的志留纪晚期（或谓早泥盆世）地层中出现，是最初的高等植物代表。形态尚未完全了解。其地上茎直立，高约 1 米，具有二歧分枝，无根和叶，或仅具有刺状附属物，故名裸蕨。

裸 蕨

茎的解剖构造，具简单的维管束组织和典型的原生中柱，表皮具有角质层和气孔。孢子囊卵圆形，成对着生于叉枝顶端，由数层细胞组成的厚囊壁，孢子 60～100 微米，孢壁光滑，均为四分体，同形，已发现有莱尼蕨、裸蕨等。真蕨植物门和前裸子植物可能起源于裸蕨植物。

羊耳蒜

羊耳蒜别名鸡心七、算盘七、珍珠七。它来源于兰科羊耳兰属植物羊耳蒜，以带根全草入药。夏秋采收，洗净晒干；它味道微酸，还有止血止痛功能。它用于医治妇女崩漏，白带，产后腹痛。

羊耳蒜广泛分布于全球热带与亚热带地区，少数种类也见于北温带，我国有45种，约有19种产于台湾，其余以西南为最多。陆生兰或附生兰；茎多，少膨大，通常形成种种形状的假鳞茎；假鳞茎具1至多节；叶1至多枚，基生、茎生或生于假鳞茎顶端，有时具关节；花葶从假鳞茎顶端发出，具总状花序；唇瓣常较萼片与花瓣宽大得多，通常不裂，近基部常有1~2枚胼胝体；蕊柱长，常向前弯，上部多少有翅，无蕊柱足；花粉块4个，成2对，蜡质，无花粉块柄。

羊耳蒜

明 党 参

明党参属多年生草本，主根纺锤形或圆柱形，外表淡黄色或土黄色，内部白色。茎直立，高50~100厘米，平滑无毛，被粉霜，上部分枝疏展。基生叶有长柄，叶片三出式2~3回羽状全裂，1回和2回羽片均有柄，末回裂片呈卵形或宽卵形，长1~2厘米，基部截形或近楔形，边缘3裂或羽状缺刻；茎上部的叶缩小，呈鳞片状或鞘状。复伞形花序顶生或侧生，总苞片无或1~3个，小总苞片数个，钻形，小伞形花序有花8~20；花小，5数，白色，萼齿长约0.2毫米，花瓣长圆形或卵状披针形，先端

明党参

尖而内折，雄蕊与花瓣互生，花柱基隆起，花柱向外反曲。果实卵圆形或卵状长圆形，长 2～3 毫米，有纵纹，果棱不显，油管多数；胚乳腹面深凹；气微甘、微苦；味淡；归肺、脾、肝经；可以用于润肺化痰，养阴和胃，平肝，解毒；用于肺热咳嗽，呕吐反胃，食少口干，目赤眩晕，疗毒疮疡。

明党参用种子繁殖。一部分种子有无胚现象，在发芽前需经后熟作用，一般 6 月采收种子，晾干，砂藏，当年 11 月至翌年 1 月上旬播种，以条播为佳。播种后应保持土壤湿润，以利种子发芽。移栽定植时注意苗根不要弯曲，芽头向上，盖土略为超过根颈 3 厘米左右。

绶 草

绶草属兰科绶草属植物，陆生兰，高 15～50 厘米。肉质根，基部生有 2～4 枚叶，叶条状披针形或条形，长 10～20 厘长。花被为淡粉红色。唇瓣囊状，内有腺毛。在 2～4 月开花。花序顶生，长 10～20 厘米，具多数密生的小花，似穗状、呈螺旋状排列，花白色或淡红色、像小龙盘在柱上。雌雄同株，总状花序；蒴果长约 5 毫米。它生于海拔 400～3200 米的山坡林下或草地；广泛分布于我国各省区，朝鲜、日本也有。它的根或全草入药，能滋阴益气、凉血解毒；可以治疗神经衰弱，慢性扁桃腺炎，慢性咽炎。

绶草

绶草，宛如在城市与乡村间游走的精灵，平时你不会注意到它的存在。但是一到了 3 月，草地上盘旋而上的粉红色小花朵，不禁会让你驻足，细细地欣赏它一番。请别小看这么小朵的花，它可地地道道的是兰科的一员。"一沙一世界"这句话对绥草而言再适合也不过了。

野生荔枝

野生荔枝是常绿大乔木，高达 32 米，胸径可达 194 厘米，板状根发达呈放射状；树皮棕褐色带黄褐色斑块。叶为羽状复叶，同一株树有偶数羽

野生荔枝

状复叶，也有奇数羽状复叶，长 10 ~ 25 厘米；小叶通常 4 ~ 8 片，稀 3 片，薄革质，椭圆状披针形，长 4 ~ 12 厘米，宽 2 ~ 4 厘米，先端渐尖，基部楔形，全缘，上面深绿色，有光泽，下面粉绿色，嫩叶褐红色。圆锥花序顶生，长 16 ~ 30 厘米，宽 8

~ 12 厘米；花小，绿白色，直径 2 ~ 3 毫米，花梗长 2 毫米。果通常为椭圆形或椭圆状球形，直径约 2 厘米，成熟时果皮暗红色，具小瘤状体；种子椭圆形，种皮暗褐色，有光泽，外面为白色假种皮所包被，假种皮较薄，味较酸。

野生荔枝分布区气候炎热，年均温 22℃ ~ 25℃，极端最低温 2℃ ~ 5℃，年降水量受地形影响，差异大，在海南东南部的迎风坡上，可达 2000 毫米以上，气候湿润以至潮湿；在西南部为背风面处，年降水量在 1000 毫米以下，气候干燥或半干燥，旱季长达 6 ~ 7 个月。土壤为山地砖红壤，土层深厚，腐殖质丰富，肥力较高，pH 值为 5.5 ~ 6.0。野生荔枝为中性树种，耐一定的荫蔽。常见于海南东南部，由青皮、蝴蝶树、坡垒等组成的湿润雨林中，为第二层乔木的重要成分。生长缓慢，年平均生长约 30 厘米。花期 2 ~ 3 月，果期

6~7月。由于其组成了海南山地热带雨林的上层树种之一，由于森林开发利用，遭受到严重破坏，其分布范围越来越小，已灭绝。

水 杉

水杉是一种落叶大乔木，其树干通直挺拔，枝子向侧面斜伸出去，全树犹如一座宝塔。它的枝叶扶疏，树形秀丽，既古朴典雅，又肃穆端庄，树皮呈赤褐色，叶子细长，很扁，向下垂着，入秋以后便脱落。水杉不仅是著名的观赏树木，同时也是荒

水 杉

山造林的良好树种，它的适应力很强，生长极为迅速，在幼龄阶段，每年可长高1米以上。水杉的经济价值很高，其心材紫红，材质细密轻软，是造船、建筑、桥梁、农具和家具的良材，同时还是质地优良的造纸原料。

水杉，杉科，形似杉而落叶。树高可达35米，树皮剥落成薄片，侧生小树对生，叶线形扁平，相互成对，冬季与小侧枝同时脱落。球花单性，雌雄同株。雄球花对生于分枝的节上，集生于枝端，此对枝上无叶，故全形量总状花序状。雌球花单生于小树顶上，此时小枝有叶，球果不垂。种鳞通常22~24个，交互对生，盾状，顶端扩展，各有种子5~9个，种子扁平，周围有翅。

水杉素有"活化石"之称。它对于古植物、古气候、古地理和地质学，以及裸子植物系统发育的研究均有重要的意义。此外，树形优美，树干高大通直，生长快，是亚热带地区平原绿化的优良树种，也是速生用材树种，材质轻软，适用于各种用材和造纸，野生种已灭绝。

雷尼蕨

雷尼蕨化石

雷尼蕨是在约4亿年前的地层中所发现的一种化石蕨类，目前并不存在于地球上的任何角落。科学家认为它们是原始的蕨类，只有茎，而没有根与叶，高度大约30厘米。而且它们的化石证据比起其他原始蕨类更为完整。

由于松叶蕨的外型和雷尼蕨很像，一度曾被以为两者有亲密的血缘关系，但后来经研究证实并非如此，松叶蕨简单的外型其实是退化的结果。但松叶蕨在所有现生的蕨类中仍是属于较原始的类群。松叶蕨主要分布在低海拔天然林，喜好潮湿温暖的环境。除了笔筒树的树干上外，偶尔在水沟石缝中，甚至花盆等人工环境也可能出现。

种子蕨

种子蕨是在石炭纪时期演化的重要植物群体。它们有蕨类般的树叶，但是与真正的蕨类不同。因为种子蕨是带有种子的植物，或称裸子植物。这代表它们不像真正的蕨类需要水来繁殖。种子蕨在三叠纪和侏罗纪时期相当普遍，但在白垩纪初期灭绝。

凤尾蕉门是已绝灭的种子蕨目植物的统称，繁盛于石炭纪和二叠纪。叶蕨状大，某些种极像现代树蕨，但几乎没有证据表明它们起源于真正的蕨类。有人认为种子蕨可能是被子植物的祖先，但解剖学未能提供这种证明。柔蕨科、髓木科和芦茎羊齿科是古生代时期的代表。皱皮木属生活于晚石炭纪，是该目已知种类中最原始的，其茎直径达 3 厘米，叶长达 50 厘米。髓木属的茎构造复杂，维管束有数束，这在现代植物里没有与之完全相似的情况。中生代种子蕨的盾生种子蕨科是一个早期类群，有一个具梗的产生种子的器官，粗看像向日葵的头状花序；兜生种子蕨科有各种被保护的生殖构造；凯顿尼亚科是最高度特化的裸子植物，花和果与被子植物很相近。

种子蕨化石

166

科 达 树

科达树复原图

科达树是裸子植物科达目中的一属。多为高大而细长的乔木，高可达 20 米 ~ 40 米，直径却不超过 1 米。上部分枝很多，形成卵形或球形的树冠，与通常松柏类的塔形树冠不同。叶片无中脉，呈带状或匙状，长可达 1 米，螺旋排列。叶脉细密，近平行。生殖器官由排成两列的短枝组成，称为复孢子叶球或松散的花序，靠花粉受精形成种子繁殖。根系比较发达。

科达树生长在 20.3 亿年前的沼泽地区。

松 叶 蕨

松叶蕨目观赏植物

松叶蕨科是目前所知最古老最原始的陆生高等植物。

松叶蕨孢子体分根状茎和气生枝，根状茎棕褐色，生于腐植土或岩缝中，也有附生在树皮上。无真根，仅有假根，体内有共生的内生菌丝。气生枝多次叉状分枝，基部棕红色，上

部绿色能营光合作用，主枝有纵脊3~5条，小枝扁平，具原生中柱或外始式管状中状，表皮有气孔，叶为鳞片状，小型叶，无叶脉及气孔。孢子囊分3室，系由3个孢子囊聚合而成，具短柄，生在孢子叶的叶腋内。孢子同形。配子体发育在腐植土或石隙中，体小，呈不规则圆筒状，与初期发育的孢子体很相似，棕色无叶绿素，有单细胞的假根，内具断续的中柱，木质部的管胞为环纹或梯纹，维管束的边缘部分有菌丝共生，可知最初的陆生绿

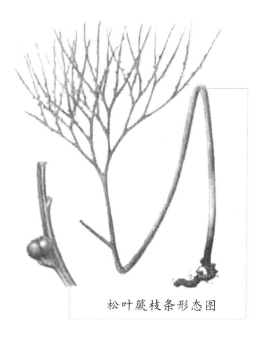
松叶蕨枝条形态图

色植物和非绿色植物的共生现象已经出现。配子体的表面有颈卵器和精子器，其结构大致和苔藓植物相似，精子多鞭毛，受精时需要水湿条件，胚的发育也必须具有菌丝的共生。

松叶蕨亚门植物是原始的陆生植物类群，孢子体分匍匐的根状和直立的气生枝，无根，仅在根状茎上生毛状假根，这和其它维管植物不同。气生枝二叉分，具原生中柱，很多古代的种类无叶，现在生存的种类具小型叶，但无叶脉或仅有单一叶脉。孢子囊大都生在枝端，孢子圆形，这些都是比较原始的性状。

松叶蕨亚门的植物绝大部分已经绝迹，成了化石植物，现代生存的裸蕨植物，仅存松叶蕨目，包含两个小属，即松叶蕨属和梅溪蕨属。前者有两种，我国仅有松叶蕨一种，产热带和亚热带地区。

木　贼

木贼根茎短，棕黑色，匍匐丛生；营养茎与孢子囊无区别，多不分枝，高达 60 厘米以上，直径 4～10 毫米，表面具纵沟通 18～30 条，粗糙，灰绿色，有关节，节间中空，节部有实生的髓心。叶退化成鳞片状基部连成筒状鞘，叶鞘基部和鞘齿成暗褐色两圈，上部淡灰色，鞘片背上有两面三刀条棱脊，形成浅沟。孢子囊生于茎顶，长圆形，无柄，具小尖头。该物种起源于泥盆纪时期，在石炭纪时期特别兴盛，当时一些种类可生长到 30 米

木　贼

高。木贼是规则对称的植物，茎干有节而叶子为圆形。现今仍存有一些种类，但没有一种其高度超过数米。它生于坡林下阴湿处、河岸湿地、溪边，喜阴湿的环境，有时也生于杂草地。分布于黑龙江、吉林、辽宁、河北、安徽、湖北、四川、贵州、云南、山西、陕西、甘肃、内蒙古、新疆、青海等地。北半球温带其他地区也有。

木贼属一年或多年生草本蕨类植物。枝端产生孢子叶球，矩形，顶端尖，形如毛笔头。植株高达 100 厘米。地上茎单一枝不分枝，中空，有纵列的脊，脊上有疣状突起 2 行，极粗糙。叶成鞘状，紧包节上，顶部及基部各有一黑圈，鞘上的齿极易脱落。喜潮湿，耐阴，常生于山坡潮湿地或疏林下。盆栽冬季需移入不低于 0℃ 的室内越冬。

问　荆

问荆，蕨类植物门，楔叶蕨亚门，木贼科。多年生草本。高 30～60 厘米。根状茎横生地下，黑褐色。地上气生的直立茎由根状茎上生出，细长，有节和节间、节间通常中空，表面有明显的纵棱。有能育茎和不育茎之分。能育茎（生殖枝）无色或带褐色，春季由根状茎上生出，单生无分枝，顶端生有一个像毛笔头似的孢子叶穗。不育茎（营养枝）绿色多分枝，每年春末夏初当生殖枝枯萎时，从地上茎上长出。叶退

问　荆

化为细小的鳞片状，在节上轮生，基部相纽连形成管状或漏斗状并具锯

齿的鞘筒，包裹在茎节上。问荆生活在北半球的寒带和温带地区，我国东北、西北、华北及西南各省都有分布，常见于河道沟渠旁、疏林、荒野和路边。药用有清热利尿、止痛消肿的功能。其体内可积累金，通过对其组织内金含量的分析，有助于矿藏的勘探。侵入农田不易清除，可成为危害作物生长的草害。与问荆同属的常见木贼类植物还有节节草和木贼。这两种植物的直立茎均无营养枝和生殖枝的区别，枝端都产生孢子叶穗。

问荆，该物种为中国植物图谱数据库收录的有毒植物，其毒性为全草有毒，马多食后引起反射机能兴奋，步行跟跄、站立困难、后肢麻痹等运动机能发生障碍，但食欲和神经活动仍能维持正常，到末期才受影响。急性中毒数小时至 1 日即倒毙，多则 2～8 日。牲畜如少量长期误食则呈慢性中毒，出现消瘦、下痢等。解剖发现小脑和脊髓充血、水肿。

鳞毛蕨

鳞毛蕨属是水龙骨目 鳞毛蕨科的一个世界性大属。根状茎粗短，直立，叶聚生顶部，呈放射状，通常遍体被大小、形状不同的棕色至黑色的鳞片。叶片多回羽裂。孢子囊群生小脉背部，具圆肾形的囊群盖。全属约 400 种，中国近 200 种，为该属的分布中心。其广布于东北和河北东北部；朝鲜及日本也有。其根茎含绵马素，为驱消化道寄生虫剂。

鳞毛蕨

瑞尼蕨

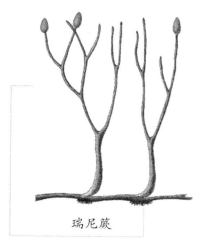

瑞尼蕨

瑞尼蕨茎轴是简单的二歧分叉。气生直立茎轴的横切面，根据细胞形状、大小、排列诸特点，从外向内分成表皮，外皮层，内皮层，韧皮部，木质部。原生木质部由一两个环纹管胞组成。茎轴的表皮细胞成纺锤形，外壁上有角质和分散的气孔。

171

工 蕨

工蕨生长在早泥盆世沼泽地带的半陆生草本植物。中国和俄罗斯的西伯利亚，以及北美洲、欧洲和澳大利亚都有分布。茎柔弱，多枝，常作等二歧式分叉，植株高可达 25 厘米，上部露出水面，下部复体分枝常呈 H 或 K 形，与汉字中的"工"字相似，故名。孢子囊球形或梨形，具矩柄，聚成穗状；顶端横裂，孢子同形。原生中柱为外始式，木质部的管胞呈环纹加厚，表皮有原始的气孔，外面有角质层。工蕨的孢子囊聚成穗状，开裂的方式

工 蕨

与石松植物接近，可能经星木发展成石松植物。

植物体矮小，簇状丛生。近地表的拟根茎部分发生 H（即工字形）或 K 形的特殊分枝，并由此分出二歧分叉的直立枝。这些分枝宽 1～2 毫米，表面光滑。孢子囊穗位于直立枝的顶端。生长在早泥盆世沼泽地带的半陆生草本植物，裸蕨植物工蕨类的代表属。中国、西伯利亚、北美洲、欧洲和澳大利亚都有分布。过去归属于工蕨目，现在多认为工蕨类植物应独立建立工蕨植物门，而不再作为裸蕨目的成员。

原石松

172

原石松属蕨类植物。主要原产于热带山区，也常见于南北半球北部森林。常绿草本，具针状叶。小孢子叶常簇生成毯果状，每孢子叶基部有一个肾形孢蒴。生活史有世代交替现象，有性世代生活于地下。欧石松原产于北半球，见于开阔、干燥的林地和多岩石地区；具有长达 3 米的匍匐茎和 10 厘米高的直立分枝；鳞片状绿叶紧密着生；孢子叶沿棒状孢子叶球单个或成对排列。扇形扁叶石松原产于北美北部，具小枝状扇形分枝，很像桧属植物。光泽石松是一个北美种，见于潮湿林地和岩石间，无明显的孢子叶球，孢蒴沿小枝散生于叶基部。卷柏状石松高 20 厘米，原产于北半球，见于岩石和沼泽边缘，也无明显的孢子叶球。玉柏石松高 25 厘米，原产于北美北部的潮湿林地和沼泽边缘，向南分布山区，可

石　松

远至亚洲东部，有地下匍匐茎。高山石松叶淡黄色或淡灰色，原产于北美

北部和欧亚寒冷森林和高山。

　　蕨类植物、石松类植物已经有根、茎、叶之分化，茎直立，为二歧式分枝，叶为小型叶，多为针状，叶的基部膨大，在茎、枝的表面留下的印痕叫叶座。原石松类植物化石最主要保存类型是茎、枝表面叶座的印痕。这类植物在志留纪时数量较少，在随后的泥盆纪、石炭纪达到繁盛，并成为重要的造煤植物。形态特征：匍匐茎蔓生，高 15～30 厘米。

　　原石松为中国植物图谱数据库收录的有毒植物，其毒性为全草有小毒。它分布在世界温带及热带高山地区，中国的东北地区和内蒙古，河南以及长江流域以南各地区。生于海拔 290～2300 米的疏林下或灌丛中。可供人观赏，全草入药，亦可作蓝色染料等。

楔　叶

　　楔叶，茎细小，每节常轮生楔形叶片，多数种为 6 枚，具扇状脉。茎的横切面上可见略呈三角形的初生木质部。孢子囊穗长棒状，由中轴和轮生的苞片以及腋生于苞片内的孢子囊柄组成。孢子囊柄顶端生孢子囊。生存于晚泥盆世到晚二叠世，以石炭纪晚期及二叠纪早期最为繁盛。

楔　叶

附录　灭绝物种大纪事

世界近代灭绝的鸟类

非　洲

阔嘴鹦鹉 1650 年

普通愚鸠 1680 年

毛里求斯红秧鸡 1680 年

大象鸟 1700 年

罗岛地愚鸠 1700 年

渡渡鸟 1780 年

罗岛鹦鹉 1800 年

佛罗里达彩鹭 1800 年

马岛鹦鹉 1840 年

留尼汪椋鸟 1868 年

环颈鹦鹉 1880 年

塞舌尔绿鹦鹉 1881 年

圣多美腊嘴雀 1900 年

德拉氏岛鹃 1930 年

马达加斯加蛇雕 1950 年

亚　洲

高山鹑 1870 年

琉球翠鸟 1887 年

小笠原杂色林鸽 1889 年

夏威夷绿雀 1900 年

印度斑林鸮 1914 年

粉头鸭 1924 年

银斑黑鸽 1930 年

阿拉伯驼鸟 1941 年

美　洲

马提尼克绿鹦鹉 1750 年

佛罗里达彩鹭 1800 年

帕拉夜鹰 1859 年

鬃吸蜜鸟 1859 年

拉布拉多鸭 1875 年

短嘴导颚雀 1890 年

墨西哥拟八哥 1897 年

夏威夷绿雀 1900 年

旅行鸽 1914 年

卡罗莱纳鹦鹉 1918 年

新英格兰黑琴鸡 1932 年

长嘴导颚雀 1940 年

爱斯基摩杓鹬 1970 年

夏威夷管舌鸟 1970 年

大洋洲及岛屿

罗岛蓝鸠 1670 年

腐尸鹦鹉 1731 年

塔西提矶鹬 1800 年

诺福克岛鸽 1801 年

启利氏地鸫 1828 年

笠原腊嘴雀 1828 年

库赛埃岛辉椋鸟 1828 年

马岛蓝鸠 1830 年

新不列颠紫水鸡 1834 年

呆秧鸡 1840 年

大海雀 1844 年

恐鸟 1850 年

卡卡啄羊鹦鹉 1851 年

白令鸬鹚 1852 年

马斯卡林瓣蹼鹬 1863 年

萨摩亚水鸡 1873 年

新西兰鹌鹑 1875 年

博宁岛夜鹭 1879 年

麦夸里岛鹦鹉 1891 年

查塔姆蕨莺 1895 年

小新西兰秧鸡 1990 年

塔希提岛红嘴秧鸡 1900 年

黄嘴秋沙鸭 1902 年

查塔姆吸蜜鸟 1906 年

兼嘴垂耳鸦 1907 年

所罗门冕鸽 1910 年

乐园鹦鹉 1927 年

暗色辉椋鸟 1935 年

新西兰鸫鹟 1963 年

斑翅秧鸡 1965 年

丛异鹩 1965 年

世界近代灭绝的兽类

欧　洲

原牛 1627 年

欧洲野马 1876 年

波图格萨北山羊 1892 年

高加索野牛 1925 年

美　洲

无齿海牛 1767 年

福岛胡狼 1876 年

缅因州海鼬 1880 年

道森驯鹿（加拿大）1908 年

纽芬兰白狼 1911 年

基奈山狼 1915 年

佛罗里达黑狼 1917 年

梅氏马鹿 1942 年

得克萨斯州灰狼 1942 年

格陵兰驯鹿 1950 年

喀斯喀特棕狼 1950 年

加勒比僧海豹 1952 年

墨西哥灰熊 1964 年

得克萨斯红狼 1970 年

长耳敏狐（灭绝年代不详）

非　洲

蓝马羚 1799 年

阿特拉斯棕熊 1870 年

斑驴 1883 年

白氏斑马 1910 年

巴巴里狮 1922 年

亚　洲

日本狼 1905 年

新疆虎 1916 年

堪察加棕熊 1920 年

中国犀牛 1922 年

叙利亚野驴 1928 年

熊氏鹿 1932 年

巴厘虎 1937 年

普氏野马 1947 年

亚洲猎豹 1948 年

台湾云豹 1972 年

西亚虎 1980 年

爪哇虎 1988 年

倭猪（灭绝年代不详）